着一个纤体课程的距离。

在这本书里，我们访问了六位不同类型的女性代表，她们的人生可能曾和很多人一样不完美不如意，大起伏连着小纠结，但是你能从书里看到她们一步步努力，慢慢走向幸福终点的曲折过程和方法。除了生动的心路历程之外，心理学家张怡筠、名模主持李艾和玛花纤体的专家们也为你“量体裁衣”，全面了解自我个性、生活风格，从心理、情感、社交等多方面入手，加以改变，慢慢接近，提炼出各自不同的通向幸福的捷径。

希望读完这本书的你，心中那颗希望的种子会开始萌芽，更加清楚自己想要的幸福。谁年轻谁成熟，谁漂亮谁苗条，这些都不重要，因为当希望开始萌芽，自信开始成长，谁都会在幸福中闪耀发光。

比任何时候都面临更多选择、更多挑战的现代女性，玛花纤体祝福你们！

美丽，是一种能力

张晓冬
《时尚Cosmopolitan》执行出版人

1993年，《时尚Cosmopolitan》创刊，将时尚的概念和生活方式引领进入中国女性的生活中，并始终倡导“Fun、Fearless、Female”的3F女性精神，探讨女性的美、自信与幸福。

身为一个职场中人，我亲历了中国时尚产业从无到有的巨大变迁过程，从骑着自行车去拜访客户，到今天为中国的时尚圈拍摄属于自己的电影；身为一个母亲，我也曾有过面临工作和家庭无法两全的艰难时刻，我经历的这一切，折射出现代女性生存环境的变化：她们行走在职场与家庭中，比起传统女性面临更多的挑战和困难，如何在这个前所未有的新时代中创造出一种属于自己的平衡，让自己既赢得漂亮，又活得美丽，是一门很大的功课。

在与时尚为伴的过程中，我发现变得美丽是所有女性内心的终极向往，身为女人，我特别理解她们的渴望，但我想探讨的，是追求美丽的方法。很多人认为模仿杂志的穿着打扮，就能让自己变得像明星一样光彩照人。但我想说的是，在你做这些之前，不如先问问自己的内心：我到底是谁，我想要变成谁？美丽是一个丰富而立体的概念，它不是杂志上一张漂亮的面孔，一身华美的衣服，一件价值不菲的奢侈品，固然这些东西都是美的，但如果承载它们的灵魂不够自信，这些外在的符号也将随之变得黯然失色。

美丽，其实是一种能力，是一种发觉内在的智慧，一种改变自己的决心和一种接纳自己的宽容。也许你的这些能力在职场中已经得到了种种证明，那么，你完全可以花一点时间，在专业人士的指导下，让自己变得更美丽。

玛花纤体的这本书，给你的就是这样一种获得美丽的能力。它并不是简单地教你每天吃什么，怎么运动，它帮你揭示的，其实是你不曾发现的内在潜力。著名心理学家，同时也是《时尚Cosmopolitan》的老朋友张怡筠博士为这本书专门设计了一个生活风格的测试，根据生活方式，将不同女性分成6大类型，按图索骥，你可以先更深刻地了解你自己。而众多成功女性分享她们的经历故事，也可以让你在她们的轨迹中找到和你似曾相识的契合点。

当放下这本书的那一刻，你的生命中有了新的希望，你为了这个目标去不断前行努力的时候，我要祝贺你，因为你的面庞闪耀的，是属于你自己的美丽光芒。

6 对本书有贡献的团队简介

张怡筠　特约心理顾问

张怡筠被媒体誉为“心灵魔术师”，活跃于媒体的心理学专家，上海电视台《心灵花园》、东方卫视《幸福魔方》、湖南卫视《变形计》等栏目的人气嘉宾及主持，“爱上情商网”（www.iLoveEQ.com）网站主持人，资深企业培训师（为国内外著名企业逾六百家，如微软、IBM、花旗银行、宝洁、诺基亚、中国银行、中国电信、宝钢等提供过培训服务），著名时尚专栏作家，并曾任研究所副教授11年。

近年来，工作重点为情商的全方位研究及推广，专业的学理训练，丰富的演说经验，使得张博士能整合各派心理学理论，并以深入浅出的方式，发展出实用的生活技巧。以“轻松说道理，明确讲做法”的独特风格，广受大众欢迎，帮助大家提升心理素质，在爱情、婚姻、家庭、职场中轻松穿行。

著有《爱情其实很简单》、《幸福其实很简单》、《工作其实很简单》等。

李艾　特约形象顾问

李艾，中国职业模特委员会理事，福特FORD世界超级模特大赛中国总冠军；曾参演的国际名牌时装秀包括LV，CHLOE，DIOR，AMARNI，GUCCI，TOD'S，LOEWE，SWAROVSKI，CELINE，Salvatore Ferragamo等。

在T台上大放异彩之后，李艾大胆挑战自我，进军主持界。她与中央电视台著名主持人李咏、熊雄，凤凰卫视著名主持人梁冬、那威及加拿大的大山等人的搭档经历，经常被媒体抖为看点，其表现被媒体评价为“充满了智慧的光芒”。2007—2009年曾多次在上海国际模特大赛、第九届CCTV模特大赛中担任评委，其超越表现被媒体称赞为“近三年来主持界的惊喜”。

2009年，因主持《天下女人》，李艾和杨澜结缘，后被杨澜破格收为第一“高”徒。

2010年成为江苏卫视全新打造的谈话类节目《幸福晚点名》的当家主持，独挑大梁。同期触电大银幕，在徐静蕾导演的《杜拉拉升职记》中饰演伊娃。

甄悦娉Crystal Chin
特约纤体顾问
玛花纤体华北区运营总监

甄悦娉Crystal Chin小姐来自热带岛国的马来西亚，1990年在马来西亚加入玛花纤体，直至升任为中国台湾区总经理。早年曾从事个人形象咨询和企业培训工作，拥有多年丰富的市场营销经验，足迹遍布东南亚、中国内地、中国台湾、毛里求斯、澳大利亚及美国等地。

Crystal于2007年出任中国华北区运营总监，带领团队不断扩大玛花纤体的事业版图。在她的领导下，玛花纤体已成功进入华北区北京、天津、大连、沈阳、长春、西安、青岛7大城市，开设了17间纤体中心（截至2010年7月），并仍然在不断地成长中。同时，她也负责丽研集团旗下另外两大品牌——贝兰（Bella）女士皮肤护理中心和杰仕（MEN’S SKIN CENTRES）男士皮肤护理中心在中国华北区的运营与拓展。

Crystal认为，幸福是一种信念：坚定自己的内心力量，自信和充满着希望去面对生活的一切，幸福无处不在！

许婉贞 Jacqueline Koh
特约纤体顾问
玛花纤体华东区运营总监

许婉贞小姐出生于新加坡。早年曾在新加坡玛花纤体任管理职位，也曾为许多明星及文莱皇室提供纤体咨询服务。她曾多次受邀进入皇宫为文莱公主和王子解决各类瘦身问题，积极地帮助他们成功纤体。

随后许婉贞小姐于1997年前往印尼工作，并任印尼区总经理，尽管当时局势动荡，聪慧的许婉贞依然把握住了当时印尼的国情和当地客户的特殊消费理念，积极开拓市场，令玛花纤体在当地成为一道亮丽的风景线。

2004年，许婉贞随丈夫一起把生活和事业的重心渐渐转移到了中国这个具有潜力的市场。从2004年上海第一家“玛花纤体”至今，许婉贞带领她的团队发掘了中国华东区的巨大市场，先后入驻上海、杭州、宁波、南京、无锡、武汉、苏州等城市，开设了19家门店（截至2010年7月），并仍在快速成长中。

许婉贞真诚地希望每一位女性都爱自己，呵护美丽也树立自信，每个人都会找到自己的幸福。

胡文英 Cecilia Wu
特约纤体顾问
玛花纤体华南区运营总监

胡文英Cecilia Wu小姐在中国香港和中国内地美容纤体界拥有超过20年的经验，帮助过万计追求时尚健康的女士实现更完美的梦想，更自信地过好每一天。

Cecilia的真挚、诚恳、干练和冲劲，为她赢得客人的口碑，亦成为团队的模范，凭借在香港的卓越成绩和经验，她领导团队使玛花纤体在竞争激烈的华南市场站稳纤体行业第一席位，目前在广州、深圳、东莞、佛山、成都、重庆、长沙、昆明已成功开设18家门店（截至2010年7月），并还在继续成长中。

Cecilia和她的女儿与玛花也有着深厚的缘分，因为Cecilia产后修身的经历和效果早就被香港媒体广泛报道，她以其亲身经验见证了玛花纤体成就女性的希望、自信和幸福。

目录

“生活风格DNA”测试

你知道吗？每个女人都有着属于自己的“生活风格DNA”，它影响我们的生活作息，也会影响你我的外形及美丽，更因此会决定我们和幸福的关系。

你的“生活风格DNA”是什么呢？

玛花纤体特别邀请了著名的心理学家张怡筠博士，来为你的“生活风格DNA”把把脉。只要完成以下的测试，你就能解码自己的“生活风格DNA”，不但能更了解自己，也能找到更幸福美丽的秘诀。

迫不及待了吗？那就请快快开始吧！

作答指示：

请你仔细阅读以下各项陈述，依和自己实际情况的符合度来做判断，在右边的表格中，圈出适当的选项。“1”表示此项陈述一点都不像你，“7”表示此项陈述非常符合你的情况。

请回答每一个题目，谢谢。

	完全不符合	基本不符合	有些不符合	不确定	有些符合	基本符合	完全符合
	1	2	3	4	5	6	7
1. 我喜欢自由自在的生活状态。	□	□	□	□	□	□	□
2. 工作对我来说，朝九晚五，NO！SOHO一族，YES!	□	□	□	□	□	□	□
3. 在别人眼中，我是个与世无争、泰然自若的女人。	□	□	□	□	□	□	□
4. 我最常和朋友交流的方式，就是通过网络聊天。	□	□	□	□	□	□	□
5. 我认为生活只要舒服就好，不必讲究运动及饮食。	□	□	□	□	□	□	□
6. 我喜欢待在家里，不到最后关头，绝不轻易出门。	□	□	□	□	□	□	□
7. 网络是我最亲近的伙伴，生活交友工作都离不开它。	□	□	□	□	□	□	□
8. 对于衣着打扮，我认为舒适最重要。	□	□	□	□	□	□	□
1—8题得分加总（L）：							

	完全不符合	基本不符合	有些不符合	不确定	有些符合	基本符合	完全符合
	1	2	3	4	5	6	7
9. 朝九晚五，作息固定，是我的生活写照。	□	□	□	□	□	□	□
10. 在别人眼中，我是个知足简单的女人。	□	□	□	□	□	□	□
11. 平时我的活动范围，多为公司、家庭两点一线。	□	□	□	□	□	□	□
12. 若生活是艘船，对我而言，平稳安定的小船胜过惊涛骇浪的泰坦尼克号。	□	□	□	□	□	□	□
13. 我的朋友圈很固定，需要魔术师刘谦出手相助，才可能出现新朋友。	□	□	□	□	□	□	□
14. 随手可及的休闲娱乐（如上网、看电视等）是我的最爱。	□	□	□	□	□	□	□
15. 不论工作或生活，我选顺其自然，而非天天向上。	□	□	□	□	□	□	□
16. 我认为懒人有懒福，所以我很少运动，也不刻意节食。	□	□	□	□	□	□	□
9—16题得分加总（H）：							

	完全不符合 1	基本不符合 2	有些不符合 3	不确定 4	有些符合 5	基本符合 6	完全符合 7
17. 我最在乎的事，是在工作上能有亮眼成就。	□	□	□	□	□	□	□
18. 说起择偶，我常感叹“优秀如我的男人都到哪儿去了？”	□	□	□	□	□	□	□
19. 我对自己的判断充满信心，也希望别人能听从我的决定。	□	□	□	□	□	□	□
20. 我的工作能力有目共睹，常在众人惊叹中，完成“不可能的任务”。	□	□	□	□	□	□	□
21. 若为了工作而与人碰面，我兴致勃勃；若与工作无关，我就兴趣缺乏。	□	□	□	□	□	□	□
22. 莫文蔚的那句“没时间，我没时间……”常是我的心声。	□	□	□	□	□	□	□
23. 对我而言，工作PK生活，工作一定胜出。	□	□	□	□	□	□	□
24. 我的原则是，运动能免则免，饮食只求便捷。	□	□	□	□	□	□	□
17—24题得分加总（D）：							

	完全不符合 1	基本不符合 2	有些不符合 3	不确定 4	有些符合 5	基本符合 6	完全符合 7
25. 在别人眼中，我是个美丽又时尚的女人。	□	□	□	□	□	□	□
26. 如果美丽学有博士学位，凭我平时的努力认真，一定有资格戴上博士帽。	□	□	□	□	□	□	□
27. 我花许多时间收集能让自己变美的信息，并且乐于一一尝试。	□	□	□	□	□	□	□
28. 细节决定完美，我觉得自己还可以美上加美。	□	□	□	□	□	□	□
29. 我会控制饮食，以拥有模特般的身材。	□	□	□	□	□	□	□
30. 若《女人我最大》节目选拔美丽达人，我有信心脱颖而出。	□	□	□	□	□	□	□
31. “我为美丽狂”，我认为是优秀女人的最佳境界。	□	□	□	□	□	□	□
32. 如我的外表不在最佳状态，会让我抓狂。	□	□	□	□	□	□	□
25—32题得分加总（B）：							

	完全不符合 1	基本不符合 2	有些不符合 3	不确定 4	有些符合 5	基本符合 6	完全符合 7
33. 婚后我离开职场，全心打造一个幸福的家。	☐	☐	☐	☐	☐	☐	☐
34. 若要参选“最佳贤内助”，我的表现肯定会招来庞大的粉丝团。	☐	☐	☐	☐	☐	☐	☐
35. 若要票选和先生的谈话内容，我的答案是家事，家事，还是家事。	☐	☐	☐	☐	☐	☐	☐
36. 我觉得外面的世界变化很快，除非有魔法术，否则我只能望尘莫及。	☐	☐	☐	☐	☐	☐	☐
37. 要美容保养？我没兴趣。要照顾家庭？我跑第一。	☐	☐	☐	☐	☐	☐	☐
38. 看到家人满足开心，就是我最大的快乐。	☐	☐	☐	☐	☐	☐	☐
39. 对我而言，穿衣打扮力求舒适方便。	☐	☐	☐	☐	☐	☐	☐
40. 我若不在家忙着，也会是在为家人忙碌的路途上奔走。	☐	☐	☐	☐	☐	☐	☐
33—40题得分加总（F）：							

	完全不符合 1	基本不符合 2	有些不符合 3	不确定 4	有些符合 5	基本符合 6	完全符合 7
41. 别人常羡慕我工作、家庭两得意，让我很有成就感。	☐	☐	☐	☐	☐	☐	☐
42. 我认为做人做事，都应该做到尽善尽美。	☐	☐	☐	☐	☐	☐	☐
43. 对我而言，成功就是事业、家庭、生活、自我的全方位优秀。	☐	☐	☐	☐	☐	☐	☐
44. 神啊，请多给我一点时间吧！这样我就更能面面俱到了。	☐	☐	☐	☐	☐	☐	☐
45. 为了保持最佳状态，工作再忙，我也定期做运动及美容保养。	☐	☐	☐	☐	☐	☐	☐
46. 在社交场合，我在哪里，大家的目光就在哪里。	☐	☐	☐	☐	☐	☐	☐
47. 我追求良好品位，我的衣着打扮就是证明。	☐	☐	☐	☐	☐	☐	☐
48. 常有人向我请教事业家庭双丰收的秘诀。	☐	☐	☐	☐	☐	☐	☐
41—48题得分加总（R）：							

计分方式

填写你的“生活风格DNA”档案：

（1）我的“氧气女”指数（L）：__________（1—8题得分加总）

（2）我的“H_2O女”指数（H）：__________（9—16题得分加总）

（3）我的“钻石女”指数（D）：__________（17—24题得分加总）

（4）我的“美人娇”指数（B）：__________（25—32题得分加总）

（5）我的“范美丽”指数（F）：__________（33—40题得分加总）

（6）我的“玫瑰女”指数（R）：__________（41—48题得分加总）

确定你的“生活风格DNA”类型

以上6个指数中，得分最高项，即您的类型：

我是 __________ __________ 型女人。

6 生活风格DNA解码说明

L：氧气女（Liberty）

“我的生活我做主”是你的最高生活准则，你是个不折不扣的“氧气女”。

你追求生活的自在主义，活出真我个性。工作时，你不愿“被坐班”，最好时间地点都能弹性安排，因此你热烈拥抱“自由工作”。

网络是你生活中的好助手，你只需动动手指，足不出户便能将生活轻松搞定。你喜欢自由，怡然自得地享受蜗居生活。但只要有志趣相投朋友的召唤，你也会立刻奔向他们，可谓“亦动亦静”的绝佳典范。

在你自得其乐的同时，有时也会招来他人的异样眼光。看到别人终日奔波忙碌，偶尔也不免让你担忧：自己的 “乐我至上”哲学，在高速高压的现实生活中，究竟有多少战斗实力？

然而只要一转身，看到他人对自己的“乐我”状态羡慕不已，你又会给自己大声打气！

H：H_2O女（Home 2 Office）

家庭职场两点一线的你，是标准的H_2O女。

处事恬淡如“水”，为人随和淡定，生活简单安逸。你的个性诚实可靠，既没有非分之想，也不好斗逞强，对待同事有求必应，能帮就帮，老板有你这样的员工，真是上辈子修来的福分！

生活，你要稳定简单；麻烦，你会退避三舍。正因为如此，你的生活缺少惊喜，遇到能让自己心跳加速的男人，就成了不可能完成的任务。

大多数时候，你认为这样顺其自然地生活，没什么不好。但有时面对朋友或是同事的飞黄腾达，抑或是他人投来“就这样，你就满足了？”的眼光时，你也不免会疑惑：是否要一改H_2O，转为Fire?

然而你随和淡定的个性，仍会帮助你安抚自己的情绪，找到生活的平静。

D：钻石女（Diamond）

哇，你在职场的表现闪闪发光，真是不折不扣的钻石女！

你干练自信，能力超群，让旁人自叹弗如。心底深处，你知道自己拥有巨大潜能，也迫不及待地想要自我实现，因此你乐在工作，也活在工作。只要与工作发生冲突，不管社交休闲，还是娱乐运动，都该乖乖让路。

你的十足干劲，像极了办公室的八爪章鱼，享受着高效率快节奏带来的成就感。一旦成为团队领导者，你那天生的领导力简直令人叫绝。如果下属稍有异议，你便变身“霹雳娇娃”，让他们立刻五体投地，乖乖听命。

在繁忙的工作之余，你仍充满活力，并努力享受高质量生活。

此外，在职场游刃有余的你，面对情场却有些使不上劲，一不留神，就发现自己身陷分手门。有时也不免因自己太优秀，不易找到志同道合的朋友，而心中感叹“高处不胜寒”。

身为钻石女，你的内在能量如钻石般璀璨辉煌，更完美的人生，正等着你高能量拥抱！

B：美人娇（Beauty）

你绝对可以胜任“外貌协会主席”一职，无时无刻不在将“美丽”进行到底，并将其视为女人一生的事业和追求。

当世人追捧“丑女无敌”时，你却坚持“丑女无望”。你的生活充满了美丽服饰，时尚杂志，美容保养。当世人在八卦明星绯闻的时候，你却带着狗仔队的热情，挖掘偶像的长相身材，探究保养之道。任何美丽资讯都会让你如获至宝，不仅屡试不爽，还乐此不疲。

追求完美外形的你深知，美丽会为女人赢得更多机会，不论面对爱情还是事业，只要生命不息，美丽绝对不止。在旁人眼中，你可是个不折不扣的“时尚教主”。

而爱美有时也会给你带来困扰，出众的审美能力，令你常不自觉地对周遭人的外表作出点评，有时不免被人误会成只会以貌取人，让朋友与你的距离感倍增。

爱美丽的你，只要用心挖掘，必有能力爱生活、爱世界！

F：范美丽（Family）

温柔善良的你，是培育家庭幸福之花的模范园丁。

你拥有化琐碎家务为井井有条的神奇天赋，如果有管家学，你一定可以修到博士后。一提到家庭事务，你的双眼便充满神采；相对于打扮自己，你更钟情于家居装饰，在你的努力下，家庭幸福指数直线上升，但疏于呵护自己，身材外貌指数却可能出现下滑趋势。

虽然赢得家人众多好评，可你“重家轻友”的作风，却让朋友们只好大叹遇人不淑。

身为范美丽的你，家庭百科功课样样高分，而对瞬息万变的世界却后知后觉，有时不免担心：在老公眼里，你是否只是个家事通，不再是亲密知己？在孩子眼里，你是否更多的是扮演保姆的角色，而非妈妈？

身为范美丽，你已是顾家模范，若能更爱自己，日子就会过得更幸福甜蜜。

R：玫瑰女（Rose）

太不容易了，你就是传说中的“新世纪完美女性”，外在美丽，内在芬芳，堪称内外兼修的“玫瑰女”，惹人艳羡。

对你而言，“一个都不能少”，就是最高的人生指导原则。追求事业家庭双丰收，令你成功演绎各种角色，奥斯卡最八面玲珑女性非你莫属。

从小就接受良好教育的你，个性独立坚强，令你工作表现不俗，深得上司赏识；回到家庭，你同样会为美满生活尽心尽力，一丝不苟。加上深谙魅力常驻之道，但凡健身美容逛街打扮充电，在你出色的时间管理之下，都能面面俱到。

说实话，许多人都看到了你的完美，却很少人了解，在你事事追求完美的背后，有时难免心力交瘁，无形之中压力感陡增，甚至让自己难以招架。

只要多给完美一些空间，身为玫瑰女的你，就更能幸福得意！

自由乐我的
氧气女

氧气女最大的特点在于，她们很清醒地在生活着。因为与众不同，所以她们的生活风貌特别清晰，也往往因为自由自在的状态，有极丰富的生活创造力。她们是活在当下的性情中人，兴致一来，不论助人或是旅游，说动就动，潇洒率性。

由于内在拥有生命创造力，氧气女往往把人生作为自己最大的艺术作品来对待，在挥洒自由的同时，也在完成生命艺术之创造；她们认为“自己不和大部队接轨，依旧可以活得出彩。”

12

张怡筠博士人物点评

幸福的氧气女会善用自己的自由，达成生命当中的目标

1 性格特征

氧气女很早就想明白一件事：只有掌握生活的主控权，才能获得最大的幸福感。所以她们不随波逐流，有自己的价值观。她们就好似一辈子的“青少年”，心中一直有个大问号：我是谁？永远处在渴望找到自己的状态中。氧气女相信自由至上，只有做自己才最开心！

她们的生活原则是，怎么方便怎么舒服，就怎么来过日子。因此氧气女也习惯用网络搞定一切。她们向往自主工作、自主生活，所以不少氧气女是SOHO一族，比如网络工程师，或是媒体人、作家、艺术家等等。氧气女的基本价值观是，生命若要踩着别人的节奏前进，可是一大悲剧。

氧气女最大的特点在于，她们很清醒地在生活着。因为与众不同，所以她们的生活风貌特别清晰，也往往因为自由自在的状态，有极丰富的生活创造力。她们是活在当下的性情中人，兴致一来，不论助人或是旅游，说动就动，潇洒率性。

由于内在拥有生命创造力，氧气女往往把人生作为自己最大的艺术作品来对待，在挥洒自由的同时，也在完成生命艺术之创造；她们认为“自己不和大部队接轨，依旧可以活得出彩”。

2 可能存在的心理挑战

不被旁人理解

氧气女自己活得很明白很痛快，然而由于她们不走寻常路，有时旁人不免会投来异样的眼光，误认其是因难以融入主流，而不得已被边缘化。此时，氧气女会因不被理解而感到无奈：“我才是引领生活潮流的人，怎么这下倒成了悲哀的边缘人？”氧气女内在的自由动能鼓动着她们让心情高于旁人的眼光，也觉得再怎么解释，道不同不相为谋，对方仍无法理解。

过于特立独行

在自由自在的生活状态中，氧气女有时会发现，自己和大部队似乎渐行渐远。因为自由移动已成习惯，在人际交往中，氧气女有时会出现不易妥协，不愿配合的自我状态：想约我吃饭？最好别打乱我的既定安排；而当我想随性出走，朝九晚五的朋友就甭想与我牵手。

这么一来，有时在友人眼中，就成了“不可捉摸，也无法长久”的影子朋友。长此以往，氧气女心中也不免有些感叹：为何志同道合的朋友如此难以寻觅？同时，这种“不愿受束缚，来去没包袱”的状态，让她们在交友和婚姻道路上有时也会走得比较辛苦。一不小心，氧气女就会发现自己成了“独行侠”，难以将一个人的快乐变成两个人的幸福。

3 心理成长建议

提升融入社会的能力

氧气女不妨提醒自己，自由的最高境界，就是能随遇而安。因此，培养自己融入社会的能力，会是值得努力的幸福方向。对氧气女来说，不和大部队接轨，应该是“非不能也，而是不为也”的状态，也就是说，我有能力做“群居动物”，只是喜欢选择自由行走。

氧气女同时还可练就一大功力，就是在旁人投来怀疑的眼神时，依旧轻松自在，谈笑风生。他人问：“为何不找份稳定的工作？”氧气女可幽默回应：“多谢关心，我认为不稳定久了，本身就是一种超稳定，呵呵！”只要能和颜悦色地和他人沟通，就能让人理解自己的生活哲学。

学会适度的自我管理

如果发现自己开始将蜗居进行到底，那就该提醒自己，要进行自我管理了。有一些SOHO族自己做老板，但因闲散过度，最后让自己的事业关门大吉。

我有一个远方亲戚，原来在大公司里做英文翻译，一开始表现不错，后来她因厌倦上班，而潇洒辞职，成为在家工作的SOHO一族。然而，每天睡到中午才起床，上网漫游就停不下脚步，导致每天真正在做翻译工作的时间不到2小时，长此以往，耽误了许多工作，也气跑了一堆客户。于是，再也没有工作找上门来，现在已是40岁的她，成了名副其实的“啃老族”。

若情况至此，氧气女就会发现，原本想追寻自由，但却成为被自由绑架的人质。听来不太妙吧？想想终于有了自由，却把自己终日锁在电

脑旁边；终于有了自由，却哪都不去待在家里……听起来大大划不来，不是吗？

同时，氧气女的自由随性生活状态，也很可能导致形体及健康大为走样，这时就需要给自己制定规律计划，最容易可行的方法就是：设定具体目标，比如，每天早上固定时间起床，中午定时吃饭，每天工作时数得固定达标……从生活自我管理过渡到工作自我管理，那么即使在家工作，也能遵循有条不紊的SOHO生活，就算因为一时兴起的精彩念头，让自己暂时放风出走，也千万别忘了在充电后回归常态，加足马力，补上进度，才能真正随心所欲地享受自由。

进行爱情管理

只要努力，氧气女心中那份渴望自由与不受束缚的心，仍能顺利激荡出幸福火花。关键就在于，容许自己自由，同时也愿意付出及守候。

我认识的一位氧气女朋友，在意识到自己“不愿勉强，不想牵强，也只会坚强”的状态对爱情是个重大灾难后，开始进行自我调整。有异性邀约晚餐，她一口答应，并调整自己的档期；想出去旅行，也尝试等男友到双休日，即使到处熙熙攘攘，仍耐着性子欣然前往。此时，她的自由档期，反而成了她最得天独厚的爱情筹码，随时能调整时间以配合男友，让男友感动不已，并为之着迷。

柏邦妮："亲爱的，我们只要坚持再瘦一点，就很好了。"

著名的80后编剧柏邦妮是一个十足的氧气女，独立、自由正是她的追求。她在20岁的时候凭着青春的冲动去了北京，然后整个人生发生了彻底的改变。她担任新版《红楼梦》的主力编剧，而她自己却认为最有成就的事情是减肥。她把减肥每一天的过程都记录在自己的博客"咆哮女郎柏邦妮"上，自创了一套快乐减肥法。

氧气女非常案例

咆哮女郎柏邦妮快乐减肥

凭着冲动北漂，遇伯乐成了名编剧

2000年，柏邦妮18岁，参加高考进入了江苏省最好的艺术学校，南京艺术学院。

大二的时候，柏邦妮有位从北京电影学院毕业的老师，是个纯粹的艺术电影爱好者，像传教士一样，给了柏邦妮许多电影方面的指引，让她真切地感受到南京艺术学院和北京电影学院的差别。柏邦妮那年正好20岁，她为自己的人生做出了选择，成了一名北漂，在北影做旁听生。也正是由于柏邦妮的这种独立、敢闯的精神，改变了她的人生。

柏邦妮到了北京后接触的所有东西都跟电影有关，她之所以能顺利地走上编剧这条路，很大程度上要归功于北影这个平台。2003年初，北影张献民老师给她介绍了第一个剧本，三十集的电视连续剧《浪子燕青》。当时，她才21岁，头一次当编剧，而且是负责全部的剧本。最辛苦的时候，每天写两万五千字。当时居住环境很恶劣，与校友合租，晚上大家要看电视，她需要安静，就只能带着耳麦边听音乐边写作，后来耳孔都疼了。而且手里只有台二手笔记本电脑，还不能上网，只能常到网吧下载资料，拷到磁盘里带回去写作。但这部剧本帮柏邦妮赚到了十万元的稿费，这对每月生活费只有800元的她来说简直就是个天文数字。

那时正好母亲生病了，急需4万元手术费，这10万块救命钱对整个家庭是很大的安慰。这事让柏邦妮非常地感触，第一次觉得自己是对家庭有贡献的人，也坚定了她走编剧这条路的决心。后来柏邦妮和当年的剧集人员聊天时才得知，张献民之前从没向他们推荐过任何人。那次还是他主动打来电话，推荐自己的学生，说柏邦妮虽然只有20岁，但文字很好。

2004年上半年，柏邦妮回到了南艺，拿到了大学文凭。下半年，又回北京去，考北京电影学院的研究生，结果一考就是三年，直到2006年才被北影录取。

担纲《红楼梦》编剧找到自信

2006年行业很不景气，柏邦妮10个月没接到编剧的工作。于是她开始接很多以前没做过的事情，写书、旅行、帮杂志做专访、写舞台剧和广告。

2007年是柏邦妮人生的关键点，那年她差点想放弃编剧工作改成采访了。她当时的采访在圈内公评很好，一个前辈对她讲：“你故事结构有问题，编剧对你好像不是很适合。你的性格也许更适合做采访，你文字这么漂亮，采访也很到位。”她正在为此疑惑时，却有个机会推荐她去参加不管你选择哪一条人生的道路，看到的风景都是差不多的，都可以看到鲜花。关键在于走路的时候是怎样的心态。

新版《红楼梦》编剧海选。

当柏邦妮做完《红楼梦》一集小样后，导演李少红的评价很高，认为她文字非常好，对《红楼梦》中人物的理解也很到位。于是，邀请她和另外8位年轻编剧一起担任新版《红楼梦》的剧本编剧。导演李少红把所有编剧召集在一起，桌上放着很多零食，对他们说："'红楼'是一个关于成长与青春的故事，由你们来写，自然有着天然的感觉，这挺好的。"这让柏邦妮非常吃惊，诚惶诚恐的感觉远大于选中后的喜悦。

新版《红楼梦》的编剧专设了一个文学创作小组。柏邦妮负责其中十几集脚本，同时还是统稿人，这对柏邦妮是个极大的挑战。柏邦妮10岁开始阅读《红楼梦》，11岁就能背诵《葬花词》。这些少年时的古典文学教育，以及之前曾参与《水浒传》、《聊斋》等古装戏编剧工作的积累都在此刻发挥出关键的作用。但《红楼梦》以前是作为一个读者去阅读的，体会再深，也只是读者的。当柏邦妮要转变成作者去写的时候，就需要完全了解素材。《红楼梦》是不可以有丝毫差错的，只要对人物理解出现偏差，剧情上面没写对，一点点软伤、硬伤，呈现在那么多观众面前，都会引发很大的问题。五十集的剧本，柏邦妮统了好几遍，前后共花了十个月的时间。为了全身心地投入写《红楼梦》，柏邦妮推掉了手上其他的工作，生活收入的来源也中断了，就靠父母资助生活费。父母一直非常支持柏邦妮的编剧工作，能接写《红楼梦》也让家里人觉得很自豪。直到把整部剧集做完，柏邦妮也迈过了之前在职业选择上的犹豫。

不管走哪条路看到的风景都差不多

柏邦妮觉得不管你选择哪一条人生的道路，看到的风景都是差不多的，都可以看到鲜花。关键在于走路的时候是怎样的心态。

有不少人都很羡慕柏邦妮的生活状态，可以自由支配自己的工作时间、工作地点，甚至还可以选择自己工作的内容。不好的活儿可以不接，不好的领导也可以不伺候。但是，问题要一分为二地看。写剧本非常累，经常远超过每天八小时的工作量，比正常上班族要辛苦得多。

写作是一个孤独的过程，但创作不能闭门造车，不应该离群索居去写东西。柏邦妮虽然自己经常一个人在家里待着，但还是有很多的朋友，而且还有网络，其实是待在很热闹的生活里面。如果对社会完全视而不见，只表达自己的情感和内心，读者、观众看了只会觉得没意义。尤其是做影视作品，需要更敏锐地把握和了解这个时代的人们有什么问题，人们为什么感到焦虑，为什么感到欣喜，人们现在怎么看待性，怎么来获取爱，这都是一个创作者必须知道的。

像邦妮一样爱你

早在2004年，柏邦妮便在新浪上公开了题为《恋爱何时都不浪费生命》的征“爱”启事，并有言在先：空间距离超出三小时车程，一律免谈。大概不符合条件的男孩子都望而止步了。直到两年后，一位和柏邦妮的职业风马牛不相及的大厨才迟迟出现。

柏邦妮和男朋友大厨是在QQ上聊天认识的。聊了一个月，大厨说想来北京见她。邦妮也就随口说：“你来吧！”当时她完全没当回事，想得也很简单，不外乎就请这个网友吃顿烤鸭，然后把他送走。

但这个人男人来了以后，就没再离开过她的生活。

大厨是个厨师，只读到高中，而邦妮是研究生。大厨是1984年出生的，比邦妮小两岁。柏邦妮觉得男生和女生心理成熟期至少差距在十年之上，一个22岁的女孩跟一个32岁的男人在情商、智商上才是对等的。因此，柏邦妮也有过犹豫和挣扎。她也知道两人也许并不真的合适，成长环境、家庭背景和学历都相差很多。

大厨为了邦妮，做了很多努力和改变。来北京之前，大厨正准备接手一个饭店的厨师长一职，但为了柏邦妮，他放弃了回东北的想法，也离开了厨师这个行业。他后来进了北京电视台频道宣传部门做剪辑，虽然一切都是从头学起，但他一直非常努力，到现在也是那个部门里工作最认真的。

大厨表达爱的方法很原始很单纯，也很直接。给邦妮做饭，病了就带她去看病，每天很认真地给她熬药，45分钟翻一次。这些都是很朴实的东西，完全基于生活本身的温暖，但很打动人心。尤其是对邦妮来说，一直漂泊在外，缺乏爱又渴望爱。有了大厨后，邦妮觉得之前对爱情的幻想和定义完全不对，自己要找的该是生活上的伴侣，是能在生活上照顾你的人。

2005年，刚和大厨恋爱不久的柏邦妮，出版了她的散文集《像邦妮一样爱你》。

如今，邦妮和大厨生活在一起4年了，两人也有很多需要克服的问题，尤其是两个人日常生活中精神和物质需求经常不在同一个层面。比如，柏邦妮想买个苹果电脑，大厨不能理解，觉得又贵又难用，什么电脑不能用？柏邦妮就得非常费劲地跟他解释自己为什么喜欢，并且坚持买苹果电脑，但很多东西又是很难解释清楚的。未来两人能否承受并克服压力，柏邦妮也说不准，因为感情是没有完成时态的。

幸福是一种素质

对柏邦妮而言，幸福是一种素质，有些人有，有些人没有。幸福没有标准。一些人也许很容易就可以幸福，一些人想得到就很难。

现在，邦妮觉得幸福有一个很大的指标就是跟主流一样，如果跟主流不一样你的幸福就没人认同。 只有少数的一些人会觉得我的幸福是我的事，跟别人没关系。在西方和中国有一个调查，在中国你跟主流一样，结婚生子，幸福指数就会高；在西方却相反，同居不结婚，幸福指数高，这是不同的社会有不同的选择。所以在中国去追求主流的东西很正常，没什么不好的。

柏邦妮一直相信那些日常琐碎幸福的累积和加深，最能促使人有幸福感。比如，她喜欢做饭，还有其他很琐碎的小爱好，每天养花，经常更换花。家里那些摆设虽然毫不实用，但自己特别喜欢，换了又换。此外，接纳好的朋友，规避有负面情绪的朋友也很重要。把一些幸福的榜样放在身边，经常跟他们接触。还有一些非常好的闺蜜，大家可能见面的时间不多，但当你出现精神上的困扰或情感上崩溃的时候，就会发现有一个很强有力的小集体，能护载你的情绪，同时也是你精神的一个出口。

柏邦妮希望自己在30岁时可以有个孩子，孩子长大后，就去养条狗。她觉得没有比编剧更好更适合自己的工作，因为她觉得编剧这份工作特别好，职业生命力很长，至少比演员长，她希望自己能写到70岁，一直写下去。

「人之所以胖，很大一个原因就是生活方式带来的。一定要让减肥完全成为生活中的一部分，改变生活方式。」

生活中的头等大事：坚持减肥！

2009年8月份，柏邦妮的爸爸郑重地找她谈了两次关于减肥。爸爸的话给了她很大的冲击，他说："你现在三个月不要工作了，想办法把自己的体重减下来，这是你生活中的头等大事！"

与创作《红楼梦》的电视剧本相比，减肥成功更让柏邦妮自信和得意。写一个好剧本，对柏邦妮来讲不是一个特别大的挑战，也不需要下特别大的决心，但减肥的成就感是可以一直延续的。现在，再遇到一些胖的朋友，她会很真诚地说："亲爱的，我们只要坚持再瘦一点，就很好了。"

美貌和才华同样重要

上大学之前，柏邦妮还只有一百来斤。到北京以后，体重一下子增长了很多。工作压力很大，生活不规律都是原因。柏邦妮平时甚少关注体形外貌，加上北京的胖女孩很多，也从不觉得这算个问题。她每天窝在家里写东西，朋友老开玩笑说："你只需要两套衣服就够了，一套居家服，一套晚礼服。"她也经常安慰自己，她只是一个女编剧，不是演员，她从事的是不需要以貌取人的职业，自身才华比什么都更重要。

真正让柏邦妮把减肥提上生活议程的，是和大厨去大连旅行。柏邦妮因为胖，体力特别差。最痛苦的是两条胖腿，路走多了，大腿内侧的肉摩擦在一起发红起泡，每走一步都很疼痛。结果就是哪儿也不想去。尤其让柏邦妮受刺激的，是考上研究生后，和大厨一起去学校报到，进校门的时候，保安把她拦住了，说家长不许进。原来保安把他们误当成是母子俩。

虽然大厨对邦妮的胖是完全不介意的，他是真的不看重她的外貌，只重视她内心世界的男人。但很多时候这也会让人沮丧，毕竟女孩子希望有人赞美她漂亮，就像有个人跑来对你说，我喜欢你但完全不在意你的外貌，那感受并不好。不管怎样，必须承认，肥胖是不美的。尤其是在一个女人最好的年龄里，但却不是一个最好的面貌，心里不可能无动于衷。

减肥后变成“无敌小超人”

人之所以胖，很大一个原因就是生活方式带来的。一定要让减肥完全成为生活中的一部分，改变生活方式。任何不利于减肥的生活方式都应该被屏蔽掉，要想不改变生活方式，把肥减下来，根本就不可能。柏邦妮开始在博客上写“减肥日记”，把每一天的减肥行动记录在网上，让网友和家人一起来监督自己。

经过比较，柏邦妮选择了控制饮食加坚持运动的方式来减肥，全面地调整自己过往的生活习惯。

2009年10月份，她每天都跑7公里。朋友们知道后说她完全是个“无敌小超人”了啊！现在出去玩，柏邦妮体力特别好。

她明白了村上春树怎么会成为一个长跑爱好者。因为，写作是需要体力支撑的，而且在进行体力锻炼的时候，也是在进行意志力的训练，比如今天一定要跑多少分钟，今天要写多少字。

邦妮减肥一周后瘦了4斤，脸变化非常大，等减到8斤的时候变化就更大了。她用手机拍了好多照片，开心得要死，每天都看着自己的脸一点点改变。她以前不爱照镜子，也没兴趣做美容和护肤。知道自己不美做了也白做，通常就是买一罐美加净，想起来就抹抹，想不起来就算了。但现在不一样了，不用任何人告诉她，她都知道自己变美了。

自创快乐减肥法

减肥贵在坚持，尤其在有了一些成果以后。柏邦妮让自己坚持下去的方法就是不停地鼓励自己，让自己快乐，累积幸福感。柏邦妮的第一个办法就是拍照，找了几位摄影师好友，每隔一段时间就拍一组照。拍好后发在博客日记里，每天都可以看到好多人赞美评论："哇，柏柏现在变得好漂亮啊！""减肥好有效果哦……"听着就很有成就感。即使你本身没有照片看上去那么漂亮，但你需要别人的肯定，这会让自己觉得之前受的苦都是值得的。

她的第二个方法是不断地买衣服奖励自己，一定要让自己感觉好。以前邦妮特别不喜欢穿紧身的衣服，但减肥以后就开始穿紧身牛仔裤和紧身T恤衫，只有让身体不和谐的线条突出来，你才会去努力改变，然后每天非常喜悦地看到了身体的变化，腿上的肌肉线条出现了。不断地为自己日渐美好的体形感到高兴，也可以起到鞭策作用。

当柏邦妮瘦了18斤的时候，邦妮爸爸说："18斤，是什么概念？就是3斤重的鸡你拎了6只在身上！"

瘦身以后更自信了

成功瘦身以后，柏邦妮觉得更加自信了，发觉改变体形是完全影响心境的事情。之前做胖子时，觉得胖子绝对属于弱势群体。因为若干弱势群体的特征都可以在胖子身上找到：第一特征就是过分的自尊，其实是一

种受伤害的体现；第二，就是任何对胖方面的蔑视都会非常的敏感，特别不能容忍别人喊自己“胖子”；第三，在这个群体内互相瞧不起，总是互相嘲笑，“哈哈，我没有你那么胖啊”，“我胖得比你好看啊”。还有一个非常重要的特征是，一旦你脱离那个群体后，你就再也不想回去了。

减肥后，生活改变特别多。首先是什么衣服都能穿了。很多胖人喜欢穿奇装异服，这其实是一种对自己身体不满意的反弹，变成了一种夸张地改变自己的方式。邦妮当时也买了很多夸张的奇装异服，而且那些衣服都很贵，补偿自己穿不上好看衣服的那种亏欠。减肥以后，变得自信多了，柏邦妮现在更愿意穿普通简单的衣服，甚至是旧衣服。因为知道自己现在是好看的。不需要强迫别人注视自己。

虽然现在的体态，还达不到柏邦妮的理想状态，但跟过去比还是满意的。因为看到了实实在在的改善，对于继续减肥继续瘦身，她非常地有信心，接下来柏邦妮希望再减14斤，把体重保持在100斤左右。那时，任何人都不能说这是个胖子的体重。

柏邦妮有效减肥
十佳方法

1 **你要想明白：为什么要减肥？**

没有决心，绝不能做。决心一下，非常强烈地想过不一样的生活，迎来不同人生的决心，万事可行。

2 **说服身边的家人帮助你，支持你**

当你在减肥的时候，家人大吃大喝，肯定不行。

3 **给自己一个长远的终极目标，和一个短期的分段目标**

每个月瘦两三斤，用十个月达到标准体重，是最健康的。达到了，让体重稳定一段时间，然后再慢慢地减，要不身体受不了。

4 **买一个电子体重秤**

要那种很精确的体重秤，不是摇摆不定，看不清楚斤两的体重秤。每天早晚两次过秤，记录下来。

每周记录一次身体的数据：胸围、胸下围、腰围、臀围、臂围。

还有脂肪比、肌肉比和水分比。

争取给自己每周拍照，看自己的变化。

5 过午不食

这是很残酷的，我觉得前三天最痛苦。下午可以吃一点水果，晚饭最好不要吃。

6 中午也不能随便吃

饮食上，头两周很严格：不吃四条腿的动物，不吃油炸食品，不吃甜品和粮食。这么下来，能吃的只有蔬菜、水果、酸奶、鸡鸭鱼之类。

两周之后，中午可以开始隆重地吃午餐，但是只吃六成饱。

心理上给自己一种满足感，大多数时候，人都是馋，不是饿。

7 一周可以给自己一次奖励

之前每周都有私房菜，那个晚上，我会吃。吃完了多跑一会。

8 保持运动

在试验了各种运动方式之后，我选了在家里原地慢跑。因为我讨厌在健身房的跑步机上一个胖子挥汗如雨的形象。

我跑得不多，也就是三四十分钟的样子，但是越来越轻松了。

我是一边看美剧或者卡通一边跑，时间愉悦地过去了。

建议大家，尤其是和我一样胸部较大的女生，一定要穿运动内衣。

跑完了要做简单的拉伸运动。

不要因为工作很累了就不跑，工作不是锻炼，是消耗，是加重你的身体负担。你只有运动，才能把这种负担给赶出去。

还有，要抬头跑，不要低头，要不下巴和脖子的线条会松弛。

9 了解这是一个能量守恒的事

我发现，如果你想减肥，那你就节食加慢跑。

如果你想保持，你可以节食不跑，也可以适当饮食加慢跑。

但是，如果你大吃，又不跑，你就会胖。

10 让自己美美的

2007年，我曾经减掉15斤体重，但是没有保持住。

给我的教训是：减重之后，没有让自己扮美，没有成就感，所以很快就故态复萌。所以这一次，我经常拍照，添置昂贵的衣服鞋子和化妆品，因为节食多少影响皮肤，需要赶紧补救。预约了好几个摄影师给我拍照，一定要顽强巩固革命的胜利果实。

小窍门

- 喝热水。热水，会让人慢慢地喝，对身体有好处，并且有饱腹感。如果在不得不吃的餐桌上，先慢慢地喝两三杯热水。
- 找出自己最瘦时候的牛仔裤，如果能勉强穿上，那么你在家里就一直穿着。直到穿到合身为止，穿到觉得松大了为止。
- 尽量穿紧身的，显出身体线条的衣服，不要穿松松垮垮的衣服。

心理建议

- 一切都是等价交换的。
- 肥来如山倒，肥去如抽丝，身上的肉不是一天两天吃出来的，所以不会一天两天就离开你。
- 牺牲美食的快乐，换来变美的快乐。或者，你还可以享受美食的快乐，但不是暴食的快乐。
- 在很辛苦，很辛苦的时候，我会默默地跟自己说：咱也是一个对自己有要求的人哇！

李艾给氧气女的锦囊

简单朴素中，坚持标志性的配饰

氧气女这种人是非常有趣的，而且总是容易让别人喜欢和她们做朋友，她们经常有一些很有趣的经历，是一般人不太容易尝试的，她们敢去做，而且她做完了之后还喜欢跟别人分享经历，并将过程描绘得特别有意思。

氧气女大半都特别了解自己，但是她困惑的是为什么这个社会的标准只有一个，这个社会为什么对美的标准这么单一？有的时候她会觉得生不逢时。她们都非常自信，也只有自信的人才会自嘲。这种女生一旦认定什么的时候，她特别浮躁，她要求最好立即行动。

调整生物钟，学做一个健康女孩

氧气女的问题是，在她特别熟悉的范围内或是她想要做的事情她可以很快搞定。但是唯独外表她却常常会忽略。其实她也很纠结。第一，她不愿意整容，她觉得那是很弱智的；第二，这种人基本都有些肥胖的问题，可能是因为她们总是在家里待着，生活不规律，不规律的生活方式是最容易让人发胖的。她该吃的时候不吃，不该吃的时候狂吃。而且有一种肥胖不是因为吃太多的原因，而是因为她的内脏已经受损了。因为她可能不规律的生活，以及各种不好的生活习惯，让她的一些内脏已经不像她年轻的时候，或者说小的时候那么好的运作了。所以她身体自然会产生一些脂肪来保护。因为我们是恒温动物，我们的身体就像一个保温壶，内脏需要在恒温的状态下工作。如果你的内脏已经弱了的情况下，你就需要保温再保温一点，所以她的脂肪是因为这个而长起来的。我建议是首先看看中医，把自己调理过来。包括生活也要规律，规律的生活会让自己的身体状态好。而且不吃东西减不下来，因为你没有能量，身体不再新陈代谢就减不下来。我觉得不妨首先让自己看起来健康，就是调整生活状态，生物钟，先让自己的生活规律起来。

偶感孤独的话就养个宠物

如果氧气女觉得孤独的话，可以养一个宠物。要先让自己多跟人交流，不能总是在家里，只是靠电脑，但是没有实质性的接触，这样并不好。如果在家里感觉闷，可以养只猫，这样就会有责任感。因为要定时喂它吃东西，所以那个时候就必须是醒着的，反而有助生活习惯的改良，这是一个比较好的方式。

确立一个特立独行的标志

氧气女这种女孩，平时在生活当中太独立了。她总觉得自己可以为所欲为的。只要我做这件事情我就可以做好，只要我给心思就可以做好。所以她很纠结于外表，可能会努力瘦下来，但是外表其他的方面不见得会努力修饰。而她们本身也比较特立独行，不妨在装扮上尝试一下剑走偏锋，既然是特立独行的，不妨有一件装饰是标志性的，是一直不变的。比如说戴帽子的就一直戴帽子，各种款式的帽子。这类人本身就有一种藐视世俗的心态，既然藐视世俗的话，要么你就拽到底，那也是一条出路。你开心就好，外人也就没有办法说什么。

如果说真的要加一点个性的话，也可以给自己设定一个标志性的配饰，一段时间一直配戴着这个配饰，给人的印象会很深刻。但是这个配饰不适合是特别夸张的，尽量是一种平易近人的配饰。比如，眼镜，

有很多这样的眼镜，今天戴这副，明天戴那副，与衣服搭配着出来，眼镜就是你的标志。如果特别适合的人，也可以选用圆形或者是长条形的耳环或大手镯。她的外表不一定是最出色的，但她仍然可以留给别人一个很强的记忆点。

简单朴素的外形，让谈吐来提升魅力

一般同性朋友不抗拒这种女孩的，但是如果说她想交异性朋友的话，还是要走回到正常的轨道来。其实很多时候，女孩子给男生一种很好的感觉，并不在乎五官有多精致，有多美，其实还是一种健康的状态。首先还是让人看起来健康一些。在打扮上，可以有自己的特色，但也不要把自己搞得太怪。

当还没有找到自己最漂亮是什么地方的时候，不妨先简单一点，牛仔裤、T恤衫。装束越简单越容易让人产生亲近感。朴素并不是让人变得很灰色。氧气女大多都是极具才华且谈吐风趣的，多半从事创意型的，文字型工作，也不妨尝试学生味一点，带一点书卷气的打扮。对她们来说，太花哨的打扮可能一下子就过火了。简单一点、朴素一点，通过交谈反而特别容易加分。而别人接触你的时候，印象也会特别好，因当还没有找到自己最漂亮是什么地方的时候，不妨先简单一点，牛仔裤、T恤衫。装束越简单越容易让人产生亲近感。

为看起来可能是很普通的一个人，但是一说话可能满场都围着她转了。如果一开始就给人的印象是一个特别的人，别人也许就对她的期待值非常高，可她如果开口说出来的话，或者做出来的事，并没有预期那么有趣的话，别人即刻就会对她的印象减分。如果想让自己更加有魅力，不妨在外表上更加朴素一些，靠内在的美来吸引人。

玛花纤体运营总监的专家建议

氧气女的纤体分析

氧气女们往往是不容易受别人影响的，她们喜欢以自己的感觉为中心。她们大部分生活较缺乏规律，喜欢日夜颠倒，没有固定的作息时间，睡眠、饮食、身体各方面都是混乱的，完全靠年轻在支撑着一切。但是，氧气女往往也是意志力很强的人，决定要做一件事就有排除万难的执行力。像我们看到的柏邦妮，她就可以靠坚持节食、坚持运动瘦身。

光靠节食的瘦身方式是有一定危险的，因为虽然可以很快的瘦，但是万一你的意志力不是那么坚强，或者发生什么事情，你多吃了一点的话，那个复胖的机会是很大的，而且一旦胖回来就是双倍的。还有一个问题是，这种瘦身方式会比较缺乏针对性，未必能瘦在你想瘦的地方。如果单靠节食减肥，可能连胸都同时瘦掉。另一个更值得重视的是，这样的减肥方式对肝脏也不好，因为我们人不能完全没有脂肪，我们需要一些脂肪来保护我们的身体器官。

现在还有些人减肥喜欢先吃东西再抠出来的，为了满足她的食欲和味觉感就吃，吃完后再把刚才吃的抠出来。这种方法比较极端，也容易走歪。

不合理的减肥方法，容易导致瘦身后皮肤松弛，会有憔悴的感觉。有很多人是瘦了，但是看起来很憔悴，会显老。

大多数的氧气女除非是真觉得有问题了，否则她是不会走进玛花的。她们如果进来那就表明已经说服了自己，确实需要一个课程，而且预先通过网络做足了功课。客户如果想明白这个道理的话我们沟通起来就很容易了。玛花最佳的效用就是可以瘦到你想瘦的地方，我们并不希望我们的客户是皮包骨的，而是希望她们是有美感有线条的，要瘦但同时要瘦出曲线美。玛花首先会帮助她分析，身体到底是水分问题还是脂肪的问题，先了解身体的构造，然后合理地讨论需要瘦身的部位。针对这种顾客，玛花通常都会先安排一些排毒的课程，之后才进入到燃烧脂肪，根据她的实际身体状况来制定课程。

36
氧气女之玛花纤体Q&A

Q 那日同学聚会，莽撞男生居然问我是否怀孕了！真的久坐出小肚腩吗？要怎么减呢？

A 久坐不是引起小肚腩的唯一原因，与其对着镜子叹气，不如先判断一下自己属于哪种肚腩，然后再选择相应方法。

自测症状 ■ 肚腩由肚脐处开始，触感柔软
诊　　断 ■ 脂肪型肚腩
解决方案 ■ 全身运动代替腹部锻炼、玛花纤体的BRT（曲线雕塑护理）课程

腹部的肌肉属于平滑肌，抗拒脂肪的能力非常弱，并且一旦有了脂肪，就很难利用仰卧起坐等局部腹肌运动将其完全消耗。建议进行如跑步、快走、游泳等全身性的整体运动来达到能量消耗。

如果你不适应如此的大运动量，可以选择玛花纤体的BRT（曲线雕塑护理）课程。它的感觉与中医走罐颇为相似，有适度的吸入感，但更为温和舒服，皮肤上也不会留下难看的淤红。这个护理主要针对局部脂肪堆积，特别是腹部、大腿和坐围，做完一次就有明显效果。

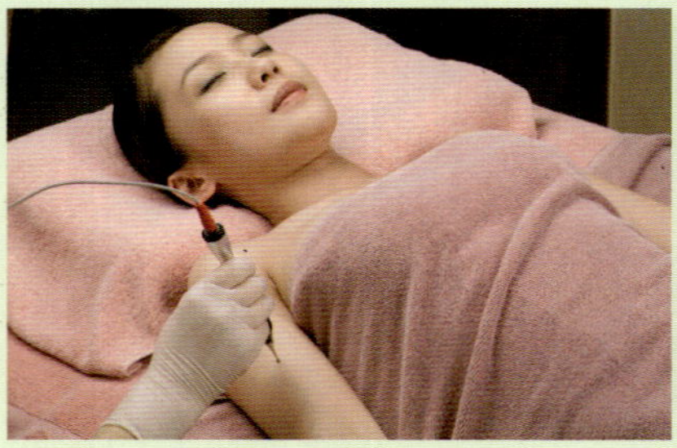

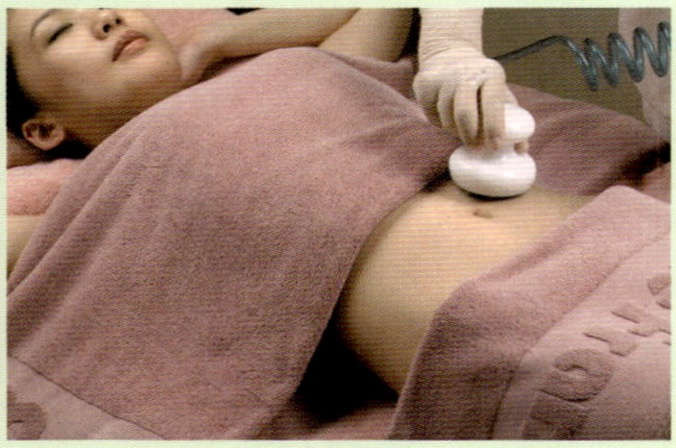

自测症状 ■ 肚腩结实，由胃部开始凸出，饭后易打嗝或有饱胀感

诊　　断 ■ 废气型肚腩

解决方案 ■ 避免久坐，通畅身体

长时间坐着SOHO的氧气女，或者用餐后立即坐着工作习惯的上班族，都是这类“小肚腩”的高危人群。如果你的肚腩从胃开始逐步突出，往往和消化不良有关。在饮食上要注意少喝有气的饮品、少吃豆类、椰菜等制气食物，舒缓气胀的情况。应多吃粗纤维类食物，养成准时排便习惯，及时排出肠中的废物。同时，尽量坚持饭后半小时慢走。

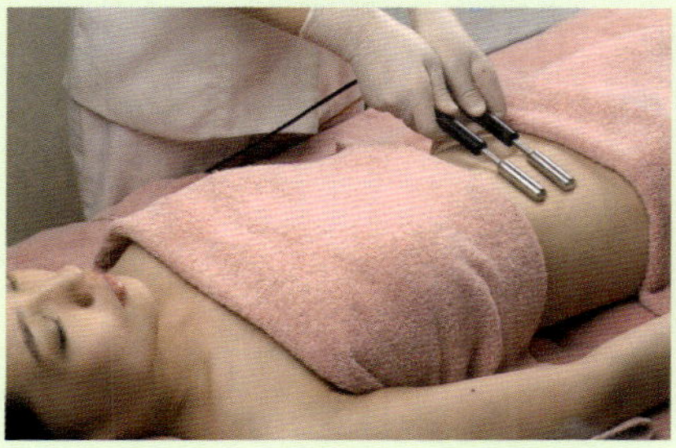

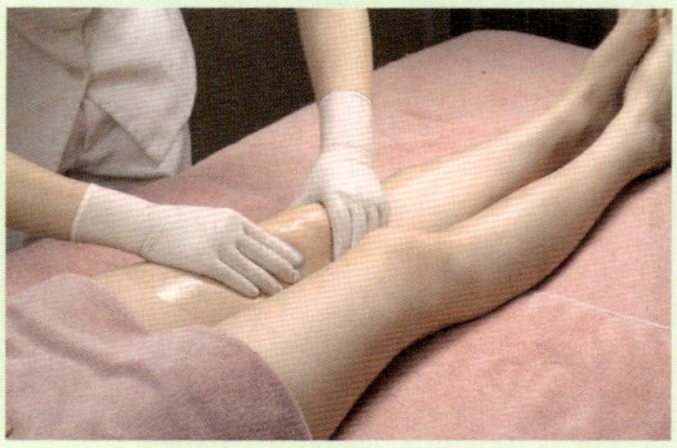

安定知足的

H_2O女

H_2O女是工作家庭两点一线的简单族，有着随遇而安的核心价值观。在生活中，H_2O女是任何场合安定柔和的力量，不论在哪儿都进退合宜。她们认真本分，不急功近利也不好高骛远，在职场是极受老板喜欢的上班族。

她们在任何状态下，都能呈现低调的满足。信奉知足常乐，无需汲汲经营。在H_2O女心中，锱铢必较是扼杀幸福的罪魁祸首。天性善良的她们不会伤害别人，少有非分之想，不斤斤计较，更不爱参与办公室斗争。

1
2

张怡筠博士人物点评

做个有趣的H_2O女，偶尔让自己Fire一下

1 性格特征

H_2O女是工作家庭两点一线的简单族，有着随遇而安的核心价值观。在生活中，H_2O女是任何场合安定柔和的力量，不论在哪儿都进退合宜。她们认真本分，不急功近利也不好高骛远，在职场是极受老板喜欢的上班族。

她们在任何状态下，都能呈现低调的满足。信奉知足常乐，无需汲汲经营。在H_2O女心中，锱铢必较是扼杀幸福的罪魁祸首。天性善良的她们不会伤害别人，少有非分之想，不斤斤计较，更不爱参与办公室斗争。

H_2O女是很早就能找到自己生命定位的一群人，内心的淡定造就了她们的幸福感受。也可以说，她们是一批年轻的生活哲学家，信奉简单生活就是快乐，并深谙less is more（少就是多）的生活艺术。

如有人相约，H_2O女并不排斥参加社交活动，但她们习惯被动，很少成为活动的策划及召集者。她们也是值得信赖的好友，在别人需要倾听关心时，她们的随和会让自己成为最佳人选。

2 可能存在的心理挑战

生活缺乏新鲜感和动力

由于生活随时知足，H2O女往往缺乏生活动力，去创造新的改变。你我周遭有很多白领都是H2O女，她们的困扰是，生活太平淡，缺乏新鲜变化，人际交往圈相对狭小固定，要谈婚论嫁时，她们是需要被帮忙的一群人，如果没有周遭亲朋好友吆喝，并多管闲事地安排相亲，H2O女很难遇上“转角遇到爱”的奇迹。

此外在工作上，H2O女的知足安分，会让老板放心，但有时却会让自己伤心。因为不计较不争取，工作上许多好事也就落不到她们身上。身影太安静，升迁时不易被老板想起；性格很淡定，加薪时主管就不在意。这么一来，H2O女有时会发现，自己好似变成一艘停止不动的小船，随波荡漾却无力前进，此时难免心里会有些许感伤，为什么好人没有善报，甚至还被欺负中伤?

虽然在内心深处，H2O女恬淡知足，有时停下脚步，不免竟然发现，和自己同年龄的人，将“杜拉拉升职记”演绎得风风火火，并也将《恋爱ing》唱响成生命主旋律。面对那些有房有车有爱情的“三有族”，H2O女内心也不免浮现些许焦虑，究竟是要继续清凉如H2O，还是该尽兴Fire一把?

我认识的一位80后的H_2O女，生活非常简单，从未谈过恋爱。

3 心理成长建议

制定“穷开心生活计划”

若有时觉得日子过得平淡无奇，觉得自己找不到过日子的心情，那就该采取行动，为自己制定穷开心生活计划。

首先，时常为自己的心情温度把脉。若发现原本的淡定变成了无趣，日日就是上班下班，吃饭上网，多过一天没啥收获，少过一天似乎也没啥损失……。而一个重要指标是，早上起床时心中出现无奈，而不是兴高采烈的期待，那就是来自内心的呼唤：该行动了！

我认识的一位80后的H_2O女，生活非常简单，从未谈过恋爱。有一次她和大学同学约了吃晚饭，到了餐厅才意识到当天是情人节，处处都只卖双人份情人套餐。结果她和女同学及同学的男友三人只好被迫点了两份情人节套餐， 三个人吃了四人份量的大餐，尴尬的不只是她的肚子，更是落单的难受心情。

那天晚上回家，她就暗自下定决心：“明年情人节，一定要有情人相伴！”于是她开始改变生活状态，规定自己每周至少要有两个晚上和朋友聚餐。为了达标，她拿出同学录，群发短信问候大家，并欢迎有空聚聚。果不其然，接到了许多聚会邀请，于是原先的两点一线的生活状态，逐渐演变成了多边形的丰富精彩。没多久，爱情就来敲门，在一次打羽毛球的聚会中，认识了一位优秀的IT男，第二年的情人节，两人就牵着手甜蜜地共进大餐。

哈哈，太棒了！只要懂得穷开心，H_2O女就能为自己的生活增添许多精彩。

提升“有趣指数”

即使生活轨迹鲜有变化，对H2O女来讲，生活心情也不该是心如止水，而是该奋起努力，让自己有能力活得风生水起。和你分享秘密，决定我们心情状态的，其实不是你我的生活轨迹，而是思维轨迹。所以在还没做好准备，要把自己的日子彻底翻天覆地之前，H2O女不妨先加把劲，将自己的大脑转化成神奇的“思想游乐场”。

有些疑惑？别急，让我为你细说分明。

在这儿，重要的关键词是“有趣”。调整你的关注雷达，努力搜索有趣的信息，并将有意思的事件一网打尽，例如：各国的风土趣闻，即使足不出户，也能随着思绪驰骋，仿佛亲临其境；另外有趣的图片及新闻，都能帮助自己提升有趣敏感度，有助于在自己的生活中，挖掘更多乐趣。

一位H2O女曾告诉我，当她学会更敏锐地体验自己的生活，平常固定的上下班路途中，她发现总有突如其来的惊喜：街边商店的橱窗摆设有了新意；路边的街灯也添了新衣；有一次她甚至惊讶地发现，自己走过n多遍的上班路途中，竟有棵让人惊艳的大树！路途也许日日依旧，但心情却经常焕然一新，也让自己更懂得欣赏生活。

调适失落心情

身处在高速前进的社会当中，H2O女的恬淡知足有时会被他人误解为缺乏竞争力，若发现自己会因此而变得不够坚定：“我的知足究竟是安于现状，还是惧怕前进？”这时就该发挥自己的超高情商，在心里对自己大声喊话：“生命的最高境界，就是自在开心”，而心理学上的研究也发现，那些幸福感指数较高的人，都懂得一个重要道理：不与他人比较，不和自己计较。

事实上，有许多有钱有权的人汲汲终日，却找不到内心的那份平和与幸福。H2O女在幸福账户里，往往拥有更多财富。只要坚定自己简单乐观的生活哲学，就能不断地在幸福的道路上前进。

July："工作是我的自信源泉，在帮助别人的过程中，我获得了幸福感。"

《杜拉拉升职记》让我们对HR这个职业有了更多的了解和兴趣。可是真实的HR是什么样的呢？会不会也像杜拉拉那样穿着大牌服装，周旋于办公室三角恋情之间？

July是一个现实生活中的HR，在知名的跨国集团公司工作。而她却是一个典型的H_2O女，每天过着从家到写字楼两点一线的单调生活。偶尔她会参加父母安排的相亲，可大半的相亲对象都在她专业的HR眼光之下被淘汰。

五年的HR工作，July面试了无数的人，帮助很多人找到了合适的位置。而她，每天也在接受生活的面试，仍在不断地寻找自己生活中合适的位置……

H_2O女非常案例

识人大王July的HR生活

挑战新兴行业，成为专业HR

July出生在上海郊区，从小学到中学都是在这里度过，并顺利地考入上海外国语大学，毕业后进入国有企业工作。July的第一份工作是在单位办公室里负责一些人事方面的事情，工作内容很简单，可以接触的东西也比较少。这种生活对刚毕业的July来说简直就是浪费青春，她希望能够参与更有挑战性的工作，接触到更广阔的世界。一年后，她开始向外寻找新的工作机会。

刚巧有个朋友打电话给她，告诉她一个美国公司正在招人力资源管理方面的人员，问她有没有兴趣。那时候人力资源管理还是一个新兴行业，July虽然对这个工作没有太多的认识，但充满了好奇，就参加了面试。没想到从此就走上了HR这个行业。

July工作的这家美国公司是上世纪80年代在上海成立的。虽然说是中国的总部，但公司一直没有一个完整的人力资源体系，也没有一个健全的财务系统。July在这段时期间里，学习和熟悉了很多人力资源管理上的专业知识，特别是在招聘的经历方面从无到有，获得很多经验。

2006年，July进入现在就职的知名跨国集团公司，在这里才真正地接触到了正规外企的HR平台，让她更加全面地学习和掌握了HR的职务和意义。

两点一线的上班族

July一直坚持着公司与家，两点一线的生活。在学校的时候，July曾经是个运动健将，经常参加800米跑和1 600米跑的校际长跑比赛。现在基本上大半的精力都投入在工作上，很少做运动，也不去健身房，最多的运动就是爬爬楼梯而已。以前July喜欢听不同类型的音乐，现在问她当下流行什么音乐，她基本上是答不上来了。之前也很喜欢看旅行类的杂志，现在也不太看了。这几年工作越来越忙，July和朋友见面的时间也越来越少。难得有休息的时间更喜欢待在家里，睡个懒觉、看看碟、看看电视。

July觉得自己是那种睡一觉就能把郁闷忘了的人。对她来说，解除烦恼的方式很简单，无论有多大的郁闷，有多抓狂，睡一觉就好很多。平时喜欢各种美食，韩国的、日本的、泰国咖喱、印度咖喱，包括烧烤类，心理压力特别大的时候就吆喝朋友大吃一顿。但是，通常她也不会主动地约大家出来聚会。偶尔，周末也会参加一些朋友组织的聚会，喝喝酒聊聊天唱唱歌算是生活中唯一的交际。

July工作的公司有一个志愿者俱乐部，July每年都会报名参加他们组织的活动。比如说到学校里面，跟大学生讲授一些面试技巧。告诉他们在面试中好的行为举止、谈吐、回答问题的方式是如何的。面试的一个流程怎么样走会更加让人有印象。回答问题时怎样才能做到滴水不漏，更好地去展现自己的工作能力、应变能力。July始终觉得自己是很平凡的一个人，但也是一个有毅力的人，同时也有耐心，认准了一个目标，就会往前走。

这种长期只在两点一线的生活也让July备受压力，她开始尝试改变自己。今年，她开始和朋友去钢琴吧、听演唱会，类似的社交活动也在慢慢地多起来，但还是没有太多时间去接触外面的世界。

方式方法方向都错的相亲

这几年，随着年龄的增长，父母对July的现状开始不满意了。28岁了，还是单身，一门心思全投在工作上。

虽然平时在工作上会经常接触到一些很不错的搞技术的男人，但基本上都已经结婚了。July也经常目睹下班后同事的另一半过来，两个人就手牵手去逛商场，旁观着也觉得很幸福。每次看到这种画面，她也会渴望尽快找到合适自己的那一半，也可以这样手牵手散步，逛街购物买菜。有时，晚上乘公交车回家，会看到男生女生两个人坐在一起聊天，还会看到大中学校的男生女生在一起做算术题，就会感慨好青春好温暖！老板跟她聊天的时候也希望她多出去走走，多认识一些善良热心的男孩子，建议去参加慈善机构做慈善，去参加俱乐部徒步旅游等等。虽然自己觉得不着急，可看到同事、朋友们纷纷步入婚姻殿堂时，也会偶尔憧憬自己什么时候能找到合适的人。

出于家庭的压力，July接受了家里亲朋好友热心安排的多次相亲活两个人如果是真心相爱，很多东西都是可以创造的。

动。相亲过的男生也有在工作、收入与学历各方面和她很匹配，家庭条件可能也很不错，收入也蛮多的，交际也挺广，但接触久了July就是觉得那人不是自己喜欢的类型。聊天时会觉得做朋友挺好的，很轻松很愉快，也会相约出去吃饭之类。但是要往恋爱的男女朋友方面考虑，又会觉得不可能。

July的一个朋友对此的评价是，方式方法方向都错。朋友觉得她的定位不准。可能受工作影响，一直不停地在面试不同的人，就会看到很多人的缺点，太过于挑剔了。每次与对方聊天时，她总能从对方的言行举止中一直挑错。

July后来也总结了一下，发现自己是一直在淘汰人家，而不是真的去发现人家的优点。有很多人可能是有优点的，但她看到的都是有缺点的地方，就总觉得这也不行那也不行，一旦发现那个人和自己想的不一样，就不会有第二次约会了。有一些人可能比较慢热，得等第二次第三次接触后，才会展露出优点来，但是她没给别人任何机会。明明自己撒了一个网，又对所有的鱼都不满意不想要。

我就是这样的一个人，我会永远保持下去！知足常乐！

相信化学反应，憧憬与他共同营造幸福

看看公司里的小姑娘，大半都还没有成家，被统称为“剩女”。July觉得这是社会的普遍问题，也和朋友探讨过为什么会有“剩女”这种现象产生。她觉得很不公平，为什么女孩子到了二十八九岁还没结婚，就会被叫成“剩女”！男的倒是可以越来越往后看，但小姑娘却找不到合适的人。后来寻思也许是同龄的男孩子不如女孩子优秀，或者说是他们不够成熟。女孩子对男孩要求也会高一些，而男孩的话只要对方贤惠，会做家务，长得好看就足矣。彼此要求也有不同。

现在上海的生活压力很大，不管是对外地人还是上海人。很多人可能觉得上海还没结婚的小姑娘，都是会要求对方要有房有车，工资还要高。但July觉得两个人如果是真心相爱，很多东西都是可以创造的。至于对男朋友的要求，说没有要求肯定不真诚，但要说有要求，那也不是她刻意去加的——而应该是他身上已经有一定的条件存在了，会让July觉得眼前一亮，觉得不错的人。如果他是什么都没有，光有漫天的想法，July也不会去考虑。在她看来只要是自己喜欢的，哪怕他没钱，两个人也可以共同努力营造出幸福的生活。

July相信化学反应，觉得碰上对的人肯定就会有触电的感觉，能够让自己相信彼此是可以走得更远，有希望更深一步发展。可到目前为止，相

了那么多次亲，她还真是没碰到过这种人。

July相信人生还是要依靠缘分和感觉的，如果能找到个真心喜欢的人，可以共同创造未来是最好的。如果暂时找不到另一半，她会在工作上更努力一些，给人生规划更高的目标，比如几年能升到高级经理啊，去念个MBA提升自己等等。同时，她要把生活经营得很好，有空的话就出去旅游，多看些书，多交些朋友，可以过更自由自在的生活。

工作的稳定让我感到很满足

July希望以后不管在哪个地方，都能在HR这个行业里工作。因为她由衷地热爱着自己所从事的这份HR职业，工作的稳定让她非常满足，觉得只有这份工作才能让她感到自信、幸福。

July看到很多HR又严谨、又专业、又让人敬畏，就一直在寻思做一个成功的HR是不是就应该是这种风格的，曾为此很纠结。后来她突然明白了，要跟员工保持距离、很严谨、很严肃、藏着掖着端着个架子那种HR不是自己想要做的。她不想做那种工作上非常强势，不体谅别人，人际关系上也有很多问题的女人。她看到太多这种人了，特别的优秀，但在私下生活中真的不了解别人想要什么，很自我很自私。她更希望的是每天上班时大家可以很开心地Say hello，有什么事情可以很直接地聊聊，或者随意开开玩笑，有什么压力马上就可以化解。经常也有同事跟她说："你千万不能变复杂掉！"July说："不会，我就是这样的一个人，我会永远保持下去！知足常乐！"

从帮助别人的工作中，获得幸福感

July从事HR这个行业快五年了，曾获得公司的2009年度优秀职员奖。在July看来，一个企业的成功与否，HR扮演的是一个很重要的角色，基本相当于企业的人脉，是公司里必不可缺的部门。 而对于一般员工来讲，HR则像是提供服务的一个部门。面向所有的员工，关注员工的个人发展，安排职业培训，帮助他们去提高自己的工作能力，也关心他们的身体状况，组织他们参与健身项目。逢年过节也要考虑给出好的福利，同时还要聆听每位员工的意见和心事，然后协同他们达成愿望或解决他们的问题。

虽然在很多人眼里HR这份工作会有些无聊，工作这么杂，要做很多无聊的事情，给很多人提供乱七八糟的服务。但对于July而言，喜欢HR这份工作是因为可以接触的人群很广泛，可以有不同的朋友，特别是她喜欢和别人沟通，她的工作给了很多人工作的机会。她给员工提供了一个服务，帮他们解决了一些问题，让他们很开心，让自己工作充满成就感。

July平时也帮员工安排和大老板一起吃饭的机会，给他们彼此打开另一扇窗，让大家有更多的沟通渠道。每当看到有员工获得更多的机会和选择的空间时，她会觉得自己在从事一项很有意义的职业。

每一次成功的招聘，都让我提升自信

July之前最主要的工作就是人员招聘，分析应聘者的优势和劣势，向老板提交报告。一旦面试人员最终被公司录用了，July的自我满足感非常强烈的。每招一个人过来，她就感到又提升了一份自信，心里就特别的温馨。公司开年会的时候，大家也会拿起酒过来对她说："谢谢July，谢谢你把我们招过来，让我们有了这么好的工作机会。"那些经理们同样也会感谢她帮他们招到了很好的下属。这些话让July特别有成就感，工作给她带来极大的满足度，反过来她也投以更多的热情去工作。这一切，都在丰富July的人生阅历。

多年的面试与招聘中，多少总会有些有趣的经历。前几年她招聘最多的是技术类人员，多数做技术的人是不会去太在意自己的外表、穿着，来面试时总会显得比较随意。July不用去猜他们说的每句话，一看就知道是出自内心的，他们不做任何修饰，而且态度真诚。

常规来讲，面试最佳的时间是45分钟，但有些人过来只聊了20分钟，HR就可能发觉他不合适。而一些很出色的人坐下来聊上几分钟，就常规来讲，面试最佳的时间是45分钟，但有些人过来只聊了20分钟，HR就可能发觉他不合适。

发现他的人际关系、思维能力、应变能力非常强，这种人肯定是要推荐的。很多做技术类工作的人都存在语言表达的瓶颈，英文方面水准不够，但技术方面也许很不错。遇到这种有特长的人，July就只能尽可能多去跟他们交流，找到他们的发光点，看有没有可能慢慢地把这些东西拾起来。在面试中，HR的耐心非常重要，而且面试完之后，还要想怎么向经理去推荐他。

July印象最深的是有一次公司要大量招聘一批维修人员。因为公司需要的是有非常过硬的技术背景的人才，这样的职位很难招。有一个人过来面试，长得其貌不扬，让他在办公室里一坐，一开口说话，就是一股大蒜的味道。July当时想，还要跟他交流两到三刻钟，怎么办呢？可也只能让他继续在办公室里坐着。因为怕影响别人，就把门关上。出去拿资料后，回到办公室，她发觉整个屋子里都是大蒜的味道。没办法，只能跟他聊，因为职业素养要求她不管应聘者条件如何，最少要跟他聊足20分钟，毕竟对方那么辛苦跑过来。面试好后，同事们都开玩笑，“这个人是不是中午吃了韭菜馅的饺子啊！”也有很多做技术的人会拿自己的制作模型过来，很高兴地运作给July看，解说自己做好的小设备有哪些用途和优势，表明自己过硬的技术。聊完工作方面的话题，他们还会和July说，“嗨！我生了一对双胞胎女儿”等等日常趣事。虽然July对技术方面的东西懂得不太多，但通过面试过程中的聊天可以让她充实很多技术方面的知识。

有时应聘者的综合能力非常出色，是公司急需的那种人才，公司可

> 人事部门永远处在公司政治斗争的核心。July觉得以自己的性格，跟别人斗智斗勇，是应付不过来的。

以给的职位也不错，但达不到对方想要的薪资待遇。July就得跟他们沟通，他们职位将来的发展和潜力在哪里，不能光看到现有的工资。

身为构筑企业文化的一员，感到欣慰

July觉得虽然工作给自己带来了很多幸福感，但生活中最大的压力也来源于工作，总在不停地去解决不断出现的各种新问题。 有时候July也会觉得自己的职业缺乏色彩，过于平淡。

公司有一个人事服务中心，很多的HR都集中在那里，做的是招聘、薪资福利政策、外籍员工人事方面的工作。在这里，她待了两年，都是在做招聘。两年之后的一天她突然就感到无聊和厌倦了。每天上班要不停地面试、不停地分析、不停地说话、不停地写报告！

一些员工可能中途会选择离开，但一两年过后，很多人又会选择回来。July跟这些人有蛮多的接触，会问他们到底是什么打动了你，让你想要回来。他们说是公司文化，以及公司提供了一个比较舒服的工作环境。大家都很认可和喜欢这样的环境和文化体制。当然也不排除有些人是想出去两年更好地提升自己，回来后可以做更好的工作拿到更多的钱。July很开心听到别人说是喜欢这个公司才回来的。毕竟她也是构筑企业文化的一员，看到自己参与的工作被员工所认可，会有很欣慰的感觉。

人事部门永远处在公司政治斗争的核心。July觉得以自己的性格，跟别人斗智斗勇，是应付不过来的。以前工作的环境，因为都是女性，特别容易滋生竞争感，每个人都在争，从工资到级别。开始July没意识到，直到听到了两方面不同的声音。一个人来跟她讲，那谁谁谁怎么样怎么不好；另一个也跑过来跟她讲，谁谁谁又怎么了。July发现自己成了一个客观体，两方面在竞争，自己基本上属于中立状态，不愿意去参加任何一方。会听，但不去传达任何信息。

识人大王July
教你面试小技巧

1 **在面试的时候，不要去编一些假话**

其实你的举止、行为都在表明你到底说的是真还是假。HR会去关注你的整个状态，看一些小细节，比如你的坐姿，HR给你倒水时你的反应，多数人会说谢谢，有些人态度很不客气，好像那是HR必须要做的。倒杯水，说声谢谢肯定是应该的。

2 **行为、举止、穿着都需要注意**

有些人去面试的时候很不注重自己的穿着。但多数HR还是希望来面试的人会注意自己的形象。头发也不要弄得特别油特别花哨。

3 **简简单单的简历更有效**

简历要做到简简单单，中英文两版，一页纸就可以让人一目了然。现在有很多刚毕业的小姑娘，为了突显自己的简历，做得很花哨，有的还会做个很复杂的PPT，上面包括兴趣爱好什么都有。HR对这些是不感兴趣的。对他们来说想要的只是一个合格的人，至于其私下的生活，可能也会帮助他们去了解这个人，但HR更注重的是你在学校时的实习经历、背景、专业、是否获过奖项，再具体到做了些什么工作。

4 面试时要直视HR的眼睛

不要谈话时老看着下面，会让人觉得要么你是不自信、要么你说的话是假的，在伪装。HR希望大家可以很直接地有眼神之间的交流。有什么说什么。

5 准备好给HR的问题

一般面试到最后，HR会有意无意扔过来一句话，“你有什么问题要问吗？”这个时候你一定要问问题，这是必需的，不能说没有问题。HR会觉得，聊了这么久你就一个问题都没有吗？找不到一个和应聘职位感兴趣的话题？所以一定要问，而且要问跟这个职位相关的一些问题。比如说，如果我来这里工作我的发展会是怎样啊，还有让HR介绍更多与职位相关的问题。HR才会觉得你对这份工作是有在乎的态度和期盼度的。

6 网上的面试技巧会很有帮助

现在网上有很多面试技巧，大家一起交流讨论的是怎么应对面试，多看看总会有帮助的。

李艾给H_2O女的锦囊

从细节处着手，平淡中彰显性格

如果你跟H_2O女相处的话，应该是很舒服的。她是比较温和的人，在人群当中也不是很扎眼，她的第一眼魅力并不是太具备。实际上像这种女孩的状态也是很多人愿意追寻的，尤其是这种不浮躁的心态很难得。这种女孩不喜欢把自己搞得太耀眼，因为当万众瞩目的时候，她反而会特别不自在，所以没有必要把自己变得更加艳丽一点。她应该是那种精致一点，看着比较随意的打扮，但是每一个细节都很用心思的。

这种女孩会很招人喜欢。因为第一眼不让人觉得她咄咄逼人，但是第二眼又觉得她其实很有心思，有想法。这种H_2O女有的时候会让人感觉太弱了，她在这六型当中是属于那种让人感觉比较需要保护的。她弱一点，不够有气场，因为她的穿衣打扮都不够有气场，作为职业女性的时候跟人家谈事的时候就不那么有利。但是这种女孩又不愿意太张扬，不妨在细节上让自己变得有气场。

着重小细节处理，搭配特色的皮鞋

H_2O女的穿着，不应该是那种非常艳丽、耀眼的选择，而是应该是着重一些小细节的处理。比如，鞋子的颜色是保守的，但是鞋子的款式比较有感觉一点；或者她可能穿麻制的大长裙，但可以配一款略微有一点尖头的，像男士一样的皮鞋。这种长裙，走起来了是若隐若现的，但是你仔细看她配着很像男士的女装皮鞋，一下子就会给H_2O女增添一点气场。这种男士风格的东西给人以力量感和决断力，但是它又是隐藏在一条长裙之下，只有当别人注意细节的时候才能看到。

可选择不规则几何套装

衣服颜色可以选些暗暗的，不太耀眼的颜色，但造型可以带些几何线条。现在有好些品牌喜欢用麻布、毛线的料子，但是不对称的设计细节都可以看到很多心思，比较适合H2O女的选择。规矩中，又稍带一些不对称的意外。这种不对称如果你身材好的话，特别是身材偏瘦高挑的，不太爱化浓妆的女孩，会给人感觉虽然很低调，但是很有气场的状态。

戴民族风情的首饰

如果体型比较胖的话，就要注意一下细节的精致度。建议这种女孩戴首饰，可以增加她的一些气场。这种首饰不用太夸张，可以是金属制的，如果你不喜欢金的话，也可以是银质的。可以选择有点少数民族风情的那种，夸张一点的银饰套在手上或者是脖子上点缀，会让人一下子感觉你的气场就出来了，但又不会太引人注目。

选用有个性的小物件

H2O女还可以在另一些细节上着手，比如，钱包或者是拿钱包的状态，你的钱包可以有个性一些。我认识一个这样的H2O女，看起来

「你完全可以把自己的性格，包括你喜欢的东西，你的性格特征，放在你的一些小物件的细节上。」

是个非常弱小的女孩，穿着及地长裙，总给人一种苍白脸色的状态。有次，她突然拿一个钱包出来，上面全是骷髅头，一下子让你感觉她很有性格，所以这种女孩不是没有性格，她只是不那么爱显露出来而已。你完全可以把自己的性格，包括你喜欢的东西，你的性格特征，放在你的一些小物件的细节上。这样的话，你的个性就可以很快通过这些物件传递出来，会给人印象深刻。但如果说一直保持低调单一的状态，也许容易让别人当做过眼云烟忽略了。小细节的突出，会让人一下子就记住你了，别人会说那个女孩看起来很低调，但是看她的细节淡淡地透着一种神秘感，说不定是一种魅力的吸引。

玛花纤体运营总监的专家建议

H2O女的纤体分析

玛花冷热精华素

玛花草本“灵”精华素

玛花的顾问初次与客户见面时，都会先询问客户的年龄和职业，之前尝试过什么样的减肥方法，有些什么病例，吃过什么样的药等问题。越了解这个顾客，就越能够给她下对课程，越能达到快速减肥的目的。我们不会推荐错的课程，但我们会选择最适合的课程，帮助顾客更快地达到她想要的效果。

玛花的每一个顾问都要学习成为三个角色：如果客户经历比你少，你必须像一个大姐姐跟她谈话，要关心呵护她；如果客户的年龄经历跟你差不多，就要像朋友一样沟通；如果是年长或者是经历丰富的客户，就必须把她当做前辈来谈话。这样可以让客户感到有亲和力和舒服。

但是每个顾问必须要把持的是自己的专业水准，无论进来的顾客是什么人物和职业，毕竟在减肥问题上玛花的顾问才是最专业的。

这个案例中的July是个28岁的女孩，职业是HR，并且很会看人。如果她走进玛花，玛花的顾问也许会要求她从HR的角度看回自己，寻找出自己身上存在的问题。虽然看外型，她现在还不算太胖，而且身体各方面机能都不错，但玛花专业顾问都知道，女性在25岁之后身体的新陈代谢开始缓慢了，而且每过五年代谢速度会下降更快。什么叫做新陈代谢缓慢呢？就是年轻时身体新陈代谢快，吃比较多也都不会发胖。经常有人说我喝水都会胖，那是因为她的新陈代谢慢造成的。通常来说因为年龄的问题导致机能新陈代谢慢的话，这时身体上的很多改变是我们很无奈的，虽然说大半的发胖跟我们平时吃东西的量和质很有关系，但由于年龄的问题却是任何人没有办法阻止的。

像July这样经常加班以工作为重的女性来说，该从她的年龄和相亲着手,作为她改变自我的推动力。先是年龄，因为年龄关系，每一天她的新陈代谢变缓，而且她是H_2O女，坐班时间过长容易导致腹部发胖，尤其是吃了午饭之后她很容易累。玛花的顾问必须要告诉她：“虽然你现在没有发胖，但是你的工作习惯会导致你臀部和腹部比较大，这为你日后体型变化埋下隐患。”因为如果她是一个很好的HR，一定是有很强责任感的，而我们每个人都要对自己的身体负责任。

十个女人中有九个都希望有一个安定的家庭，但如果我们的外表给别人不舒服的感觉，大半人也许就没有兴趣去了解我们的内在。很多时候HR都喜欢从第一感觉来判断人，如果她对自己身体某一个方面不满意的话，她肯定会想办法遮掩。比如，如果腹部比较大，她就会穿宽松的外衣，或者是腿较粗她就不会穿裙子。如果，她在玛花接受了有针对性的课程后，她完全可以摆脱这方面的困扰去相亲去见朋友，充分地展示自己。

大多数的H2O女都属于典型的写字楼白领一族，她们基本上在办公室工作比较长，早上9点到晚上5点都坐在电脑前面，坐姿一直这样，变成肌肉紧绷，血液循环肯定不太好，经常会听到她们抱怨有颈椎和腰椎等等毛病。很多H2O女对于减肥都太过紧张，她们总担心没有很多时间，她们着急20天以后要穿礼服参加宴会，每一分每一秒都站在那边看，一直在计算自己每天瘦了多少。她们通常还容易有一个误区，就是觉得自己已经从每天三餐变成一餐了，为什么过了一星期还是瘦不了？这时她们也许就开始埋怨。这样就反而不好，让身体过于紧张是没有办法来轻松改变的，毕竟脂肪不是一下子就跑进身体的，要慢慢燃烧掉需要一个过程，如果心理逼迫身体太厉害的话，一直紧绷很紧张的情况身体会产出一种抵抗，反而出现相反的效果。

一般她们来做课程时，玛花的顾问会建议在瘦身的课程之前，加入一些放松肌肉的护理，借助仪器课程或者是按摩课程帮助她们把紧绷的肌肉松弛下来，而后再进行瘦身课程，就会达到更好的效果。玛花的顾问也会很实在地跟她讲清楚，玛花可以尽力在20天帮你减肥，但能瘦多少就只能瘦多少，减肥不是跟时间赛跑的游戏。

如果你的肌肉、神经紧绷，做最好的课程也许都得不到最好的效果，减肥是个慢慢来的过程。自然、放轻松是最重要的。当你的精神全部都在最轻松的状态，不仅会瘦而且还瘦得容光焕发。瘦身并不是一个很轻松的过程，跑完了终点就可以了，这是一个误区，瘦身应该是终身，哪怕是现在瘦到理想，还是要注意一些脂肪或是其他问题，年纪再大一点皮肤会松弛，这些也都是问题。

考虑到H_2O女日常工作时间比较紧，所以玛花为她们量身定制了几种时间占用不是太长，见效比较快的课程。玛花纤体会所基本分布在各大城市的高档写字楼和商业中心，地点较为便利。客户如果平时工作比较忙，方便她们利用午餐时间来瘦身，简单又不占用周末休息时间，玛花会准备一些小点心和小色拉。玛花经常也会有一些促销和特别活动，在一些特别时间段为白领定制针对性较强而且经济实惠的瘦身方案。

H2O女之玛花纤体Q&A

Q 我身上不胖，可是脸上总是显得“婴儿肥”，怎么瘦脸？

A 经过坚持不懈地锻炼，腰围的确小了，腿也瘦了很多，可是胖乎乎的脸依旧那么“大”煞着风景。无论是天生的肥脸还是因水肿造成，都可较快、较有效地利用按摩、脸部操来极速瘦脸。

■ 瘦脸按摩

擦化妆水与乳液的时间可以利用来做瘦脸按摩，如果能配合瘦身按摩油，更事半功倍。

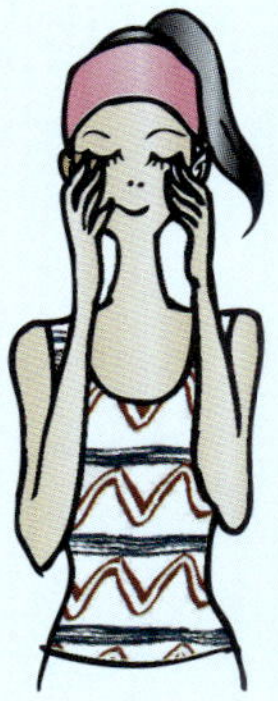

Step1 擦上化妆水后，双手轻轻拍打脸部，待脸颊呈微红。此方法不但能促进脸部血液循环，使脸色变红润，还能达到修紧面部、突出轮廓的效果。

Step2 在两颊涂上按摩油或乳液，两手轻轻按着左右脸颊，分别向斜上方提拉，嘴巴尽量上下张开，口中发出“A”的声音，持续3秒。保持手部姿势，尽量缩小嘴巴，发出“O”的声音，让嘴巴保持紧绷，持续3秒。

Step3 如此反复以上动作3～5组，直到乳液全部吸收。而后将双手包住脸颊1分钟，利用掌心热力帮助营养成分快速抵达皮肤基底层。

■ 辅助运动：随时可练的瘦脸操

尽量大胆地运动嘴巴，锻炼控制脸部表情的肌肉。每日5分钟，交替变换嘴形，让脸部保持最极限的紧张状态。长久练习，不但能紧实整个脸部的肌肉，拥有纤细脸庞，更能让脸部的表情明亮、丰富起来。

高效生活的
钻石女

钻石女很大的特色，就是她们从不用传统的性别刻板角色来束缚自己，她们乐于挖掘及探索自己内在的巨大潜能，并深信不疑：“一个人有能力却不尽情发挥，就是暴殄天物！”因此她们往往是一个又一个职场奇迹的创造者。

张怡筠博士人物点评

适当调整自己的亮度，更柔软地享受幸福生活

1 性格特征

钻石女深知自己能力出众，并也引以为傲，她们有积极的进取心，有着超高的成就动机，很希望自己能够有所作为。在职场上，她们来去自如，游刃有余，很享受自我实现的过瘾感觉。

由于在企业界做培训多年，我遇见许多钻石女，其实她们很好被指认。一谈起工作，眼睛熠熠发光，并兴奋地手舞足蹈。有位钻石女说出了钻石一族的经典心声："能挑战自己，并超越自己，我觉得超级过瘾！"她研究生毕业后，进入国际知名大公司工作，三年升经理，五年变总监，薪水更是随着职称翻了好几番。每次打电话找她，总是在出差的路上，今天北京，明天广州，下周又落脚日本，优秀干练，驰骋职场的优异表现，让周边的男人各个自叹弗如。

钻石女很大的特色，就是她们从不用传统的性别刻板角色来束缚自己，她们乐于挖掘及探索自己内在的巨大潜能，并深信不疑："一个人有能力却不尽情发挥，就是暴殄天物！"因此她们往往是一个又一个职场奇迹的创造者。

钻石女打的主意，是想让自己的成就最大化，所以她们不能容忍自己浪费时间，因此总是匆匆忙忙地高效工作及生活。心理学上有一个名词，叫做A型性格（Type A Personality），指的是个性好强，一心多用

的高压一族。你会发现，不少钻石女也是标准的A型性格女，整日行色匆匆，因而容易感受到较高的压力及焦虑。

2 可能存在的心理挑战

过高的压力感

钻石女在生活中总是高速前进，因而很容易因高压而感到精疲力尽。工作是她们的兴趣，同时也成了她们最大的压力源。

有些钻石女因为常年忙于工作，无暇照顾自己，后来出现耗竭的状况，有位33岁的钻石女，在同一职位高压工作3年后，发现自己对工作的能量及兴趣的消耗殆尽，再也难以承受，突然辞职，出走昆明。所以对钻石女来说，如何和高压和平共处，就变成了一个极具挑战的难题。

生活严重失衡

全部精力都放在工作上，能干的钻石女，会发现自己很难有精力去经营爱情。而其惯有的强势沟通风格，也往往让幸福难以靠近。

我碰到过一个典型的钻石女，她习惯打断别人的谈话，因为聪明的她，不需听完就知道别人想说什么。面对男人，她也依然用这种较为强势的方式互动，和她交往过的男人都倍感压力，而让恋情无疾而终。有位男士说得好："她是个天才，什么都知道，但我想要的是个体贴的天使，而非能干的天才！"

此外，钻石女的生活，除了工作，往往乏善可陈，因此生活会出现

严重失衡的情况，所以一不小心，就会被冠上工作狂的称号。其实很多时候，正因为在个人生活中，找不到愉悦的成就感，所以一旦离开职场，下了班，心中就会出现极大的失落感，不工作时候的心情令人难堪，这下怎么办？找回成就感的最佳方式，就是加倍投入工作，工作也就成了心灵的庇护所。也就是说，正因为缺乏生活平衡，所以更导致生活严重失衡。

遭遇排挤

能干的钻石女，是优秀英明的企业领导的最爱，因为这些善于自我鞭策的钻石女，会用最少的时间，产出最大的绩效。有了钻石女员工，领导就可喝茶看报，逍遥自在了，呵呵！

而在昏庸的领导眼中，优秀的钻石女也有可能被解读为来势汹汹，谋权篡位的潜在敌人。有时在职场上，也有人会用“女强人”甚或“白骨精”这些不怀善意的名称，来暗示心中的排斥及畏惧。一位钻石女每次听到别人介绍她为女强人，就会动气抓狂。她说：“谁规定女人就该委屈示弱，我只不过像男人一样，希望成就最好的自己。”

3 心理成长建议

练就调节亮度的能力

钻石女的最佳状态，是练就能调节亮度的功力，在职场上该火力全开的时候，就应熠熠生辉，尽力发挥。但回归日常生活，就得想办法调低亮度，别咄咄逼人，也别聪明过人。因为在生活中，如果钻石光芒太过耀眼炫目，别人就无力直视你，也就更难亲近你。

给钻石女的建议是，回到家就让自己智商减半，亮度调暗。一位钻石女说得好："下了班我就不做老总，并将大智若愚进行到底。"哈，太棒了！

同时在与朋友和异性沟通的时候，钻石女也可学习让话语变得柔软，最简单的做法，就是不用惊叹号，而多用问号。举个例子来说吧，发号施令的沟通方式，用的是惊叹号："你现在就去！"而柔软沟通高手则会使用问号："你现在就去，好吗？"

学会调节亮度，就能为自己的魅力大大加分。

做天使，不做天才

有句英文说得好：Choose war，not battle（只打大战争，不打小战役）。意思是说，只在乎大事儿，别计较小事儿，这可是聪明人的幸福哲学，对于钻石女而言，尤为贴切。例如在职场上，同事有关重要会议的时间搞错了，钻石女该站出来指正；然而在日常生活中，若朋友记错了聚餐时间，就千万别大动肝火，较真地要对方认错。这种得过且过的难得糊涂生活原则，会让钻石女更有幸福的能力。

学会包容他人

由于自身优秀并追求尽善尽美，钻石女很难忍受旁人的不够完美，这时往往辛苦的是自己。若发现自己总是因此而暴跳如雷，并在乎不已，这时就该提醒自己，这下自己该精益求精地学会另一门学问，叫做

“耐心”，让自己接受别人的不同生活哲学，提升自己的耐心及包容度，也就能够绕过自己，不再因要求过高而导致心情受灾。

避免“老单身情结”

在爱情中，我发现优秀能干的钻石女，一不小心就会出现一些状况，阻碍自己找到幸福，我称之为“老单身情结”。

老单身情结一，只要求不配合。平常生活都安排满档，男人想要约会，只要求他改时间，却不肯调整自己配合对方。所以摆出的姿态是：“要吗你配合我，否则就拉倒……”呵呵，这样的结果，往往是约n次都见不到面，最后男人当然打退堂鼓了。

老单身情结二，只挑剔不欣赏。旁人介绍的男友，钻石女一眼就能看到男人身上的缺点，立刻兴趣大减。

老单身情结三，只独立不依赖。钻石女太能干，什么事情都可以自己做，就会失去依赖男性的能力。她想看《阿凡达》，男人没空，她就自己去了。家里灯泡坏了自己修，水管爆了也自己弄，什么都能自己来，男人基本找不到自己存在的价值。

钻石女若发觉自己在爱情道路上，总是前进得比较艰辛，不妨做个自我诊断，看自己是否已经出现“老单身情结”，并该调整自己，将老单身情结甩在身后，才能打造更迷人幸福的自己，让自己在爱情上也能有钻石般的灿烂幸福！

「Linda：“做任何事都需要些冒险精神。”」

Linda，典型的钻石女，她的经历也像钻石一样有许多切割面，散发着耀眼的光芒。

从“华裔小姐”的经纪、宣传助理到知名记者，而后又成为公关公司的高级培训师。她的学生更是从选美小姐到好莱坞明星，甚至国家央行行长、财务部部长，还有总统！

她人生的每个转折点都充满了落差，她认为人需要有些冒险的精神，就像即兴戏剧一样有一些未知数，但是只要有付出就一定会有收获。

她对数字有极强的记忆力，对生命中的每一件重大事件，每一次离职转行的日期，都记得清清楚楚。

钻石女非常案例

喜欢冒险的钻石女Linda

融贯中西的学习经历造就语言优势

1976年，10岁的Linda跟随父亲离开香港，去纽约开办汇丰银行第一家美国分行。在纽约就读时，她最大收获就是在英语水平上质的提高。当地学校里的小朋友们教会她如何说纯正的美式英语。同时，父母一直要求她和弟弟妹妹每月用中文给爷爷奶奶写信，他们不希望孩子背井离乡后忘记中国的传统文化和文字。现在回想起来，会觉得父母用心极其

「如果不是语言上的优势，Linda相信自己后来走的路会跟现在完全不一样。」

良苦，正是当时的语言培养，对Linda将来的人生发展起了非常重要的作用。

两年后，银行希望父亲能继续留在美国拓展市场。父亲拒绝了，一方面是香港的爷爷奶奶需要照料，同时也担心孩子们在美国生活太久，忘记本土文化，因此带着他们再次返港。1984年，Linda在香港读完中学后，赶上留学潮，Linda也跟风去了加拿大读大学。上大学的时候选科，其中一门是政治学，从小在香港殖民地生长的Linda也常喜欢读新闻看报纸，当即就决定了学这个专业。加拿大的官方语言有英语和法语两种，她对语言也有兴趣，就同时申请了选修法语。

也正是这些学习经历，让Linda完全了解了中西不同的文化和语言，并融会贯通。如果不是语言上的优势，Linda相信自己后来走的路会跟现在完全不一样。也正是因为她擅长多种语言，才获得了而后不同的事业经历，才能发展得那么好。

从地产投资助理到华裔小姐助理

大学毕业后，Linda进了多伦多的一家德国地产公司上班。有次出差去香港、台湾，发现自己仍是更喜欢香港，当地快节奏的生活方式也更适合年轻人，充满活力。

1991年，她向公司休了年假，到香港寻找发展机会。

Linda当时对香港的娱乐业很感兴趣，她从小的梦想就是当一名新闻记者。于是，她主动给香港无线电视台写求职信。无线台正在办一个大型选美节目，其中有名宣传助理休产假，需要临时替补人员。Linda就满口答应下来，她也很好奇电视选美是怎么操作的。进去后，才知道她的工作主要就是照顾选美小姐，说白了就是给参赛选手当保姆。这份工作的薪水只有原来工作的一半，但Linda一直相信做任何事情，不要光看钱。何况自己还那么年轻，钱肯定是可以赚回来的。

她参与的第一个选美项目是“1991年国际华裔小姐”评选，她负责的选手是袁咏仪，后来成为那届选美大赛的亚军。那时她和选手的年龄都差不多大，平时很谈得来，当年和她们结下的那段友谊一直维持到现在。很多事情对Linda来说都是第一次尝试，她对一切都充满好奇，包括选手们的化妆。她经常会问化妆师许多问题，例如，画眉毛之前为什么要扑一些粉？原来是为了防止出汗后妆不容易花掉；或者会观察她们怎么搭配衣服，走路的姿态、谈吐，这些都非常吸引她。这些知识，在十几年后她做培训师时都非常有用。

成为名记又转型闯入公关业

Linda也明白自己不可能甘愿长期做选手助理。于是找机会通过内部调动到英文台公关部，从事电影的推广工作。在公关部期间，她认识了生命中很重要的人——无线台的中国事务部总监。某次聊天时，Linda无意中说起自己最初的愿望是当记者，对方就推荐她去新闻部应试。面试时，新闻部的负责人发现Linda在语言上很有优势，她的英文比香港台的中文记者好很多，同时中文又比英文台的外国记者强很多，他们希望她能去英文台记者部工作。这个机会对Linda来说，真是太难得了。

Linda进入电视台也赶上了好时机。1992年，正值香港回归之前，她被派去北京采访中英会谈。因为经常到内地出差，也结识到了一帮朋友，通过采访也跟国内官员慢慢建立了情谊，对北京这个城市产生了感情。

在无线台工作三年后，美国知名的CNBC电视台在香港开设了亚洲总部，向Linda发出了邀请。那次几乎在港的所有外国记者都去参加了面试。Linda事后觉得他们选用自己的最终原因仍是语言优势，她出生和成长在香港，母语是广东话，而后又在纽约和加拿大待过几年，能说流利的美式英语，还会说普通话。她直接被派驻到上海记者站工作。1995年，Linda到了上海，她很高兴又有机会了解另一个城市。现在回想起来，既然生命中有机会出现，那就得欣喜地去接受机会。

Linda以前的一位同事去了全球著名的博雅国际公关公司。博雅国际公关公司是最早进入中国市场的国际公关公司之一，也是当时中国市场最为活跃的公关公司，做了很多非常有影响力的活动，创造了中国公关界多个第一。Linda的这位同事多次建议她一起进博雅公关做培训师。因为公司有很多客户需要面对媒体，而又不懂得该如何应对，对媒体有种惧怕情绪，很需要有新闻背景的人才去辅导他们。起初Linda因为很喜欢记者职业没有接受。后来朋友帮她做了很多分析，终于把Linda说服了。她想到自己也许可以尝试更多的东西，如果觉得不好还随时可以回来继续做记者。

1998年2月9日，Linda离开电视台，开始涉足公关行业。

培训过大明星、财务部长和总统！

1998年正赶上金融危机，博雅是以处理危机著称的。Linda几乎是每天至少要处理三个客户的危机，同时还要写三篇新闻给第二天的报纸。经常工作到凌晨两点，回家洗个澡，睡一个小时，五点又回到办公室。做了九个月的公关，整整瘦了14斤。

虽然有很多人对她说，她的性格很适合做公关。但Linda发现做记者最大的好处是每天事情每天清，当天工作结束了，晚上可以开心地玩。但公关完全不一样，今天要想明天的事，明天要打算下周的事，下周要

想下个月的事，永无休止。那时CNBC也劝她回去，并邀请她任上海记者站站长。

Linda决定辞职。这时，博雅的CEO对Linda说："在你做出决定之前，为了让你想得清楚一些，请你帮我做件事情。回家拿个本子，在中间画个竖线，一边写为什么在博雅工作，有哪些让你开心、吸引你的东西；另一边写在博雅工作的不愉快、不吸引你的地方。写好后，让我看看你不喜欢什么，能不能帮你解决那些问题。如果能解决，我希望你考虑留下来。如果我解决不了，你再走。"

Linda觉得这个建议很好，写完后交给CEO看。其中很多是行政方面的问题，CEO果然帮她一一解决了，这让Linda没有了离开的理由。回想起来，Linda觉得当初的选择是正确的，一年后CNBC的上海站撤掉了，而她在博雅的成长越来越好，事业也开始蒸蒸日上。在那个时间段里她培训了很多大人物，其中有不少好莱坞的明星，也包括中国的章子怡，还培训过好些国家的央行行长、财务部部长，还有几位国家总统。

1998年到2003年，在博雅的工作经历让她学到了很多知识。比如培训国家总统，她虽然不能去教他如何管理国家，但她教他们学习沟通、对答，吸引外资。他们都非常谦虚，而且也很认真。他们会说："我请

你来，有什么话就请直说，不用拐弯兜圈。”Linda从他们身上也学到很多东西。她常回想当初如果熬不过那个关卡转行了，可能就会是另一种人生。

2003年，Linda在博雅的事业达到人生小高峰。她却有另一层担忧：人生怎么可能那么美好呢？很多事情来得太过于容易。她害怕在这种状态里慢慢地变成“温水煮青蛙”。她开始思索下一步该往哪里走？然后做出决定——到内地发展。虽然连续三年，她都向公司提出申请派驻北京，但公司一直强调香港更需要她。这次她明确强调自己的意愿，公司终于同意了。

登完珠峰，她明白人生真正需要的物质其实很少

2003年4月底，Linda结束了在香港博雅的工作。5月，休假去尼泊尔登山。登山也是Linda最喜欢的运动之一。5月29日正好是人类首次登上珠穆朗玛峰的50周年纪念日，第一个登顶的尼泊尔向导丹增·诺盖的儿子邀请她一同参加盛典。Linda和他们一同去完成丹增·诺盖当年的部分行程，目的是六千多米的高山营地。

登山的过程很艰苦，但Linda喜欢挑战自己。在极地上很多事情需要

登山的过程很艰苦，但Linda喜欢挑战自己。在极地上很多事情需要依靠生存本能，比如上厕所、吃饭、睡觉。

依靠生存本能，比如上厕所、吃饭、睡觉。尤其是走路，需要很认真地一步一步缓慢行走，不能分心想其他事情，否则随时都有滚下山去的危险。第一天上山的时候，向导给Linda一个非常小的杯子用来刷牙。当时，她觉得这能装多少水，怎么够用？但三天之后她就适应了，水不光够刷牙，还有余水供洗牙刷。这让Linda感慨自己平时用水用物过于奢侈和浪费。

走在很弯很陡的山路上，气喘得不行，但一回头看见脚下的风景，什么辛苦都忘记了。站在高山顶上会听到自己的身体在“嘭、嘭、嘭”地跳动。休息的时候，在海子边吃个鸡蛋，那种幸福和满足感强烈得无以比拟。只有登过山的人才会理解，人生里真正需要的生活物质其实只有一点点！

从登山当中Linda明白了很多人生道理：第一，生存可以不需要很多物质。人是非常坚强的，都能活下来；第二，有很多事情需要超越自己。有些事情不要过于在意，可以放下很多。

登完珠穆朗玛峰后，6月29日，Linda来到北京的博雅公司报到，正好是SARS刚刚结束的时候。

到北京后，Linda接手的第一个项目是和奥组委合作，负责北京奥运会的logo、会徽全球发布，同时要和全球八个博雅的office合作，并兼顾500多家境内境外媒体。这项工作对Linda的挑战非常大。最头痛的是全球发布会，各国的时差不一样。我们在北京时间8点发布，但日本和澳大利亚时间早两三个小时，又不能提前告知，只能与他们沟通让电视新闻做预告，或报纸上预留版面。通过这个项目，Linda学会如何与内地机构打交道，也调整了自己做事情的方式。这些都是人生中非常宝贵的经验。

又是非常忙碌的几年，Linda觉得人生又达到一个顶点。她想："要不先停下来，写本书吧。"她做了辞职的重大决定。

2006年3月31日，Linda离开了博雅。

离开博雅后，失去了稳定的收入来源，Linda考虑的第一件事就是搬家。原来租用的每月21000元的房子太过奢侈，她在四环外酒仙桥找到了年租27600元的套房，条件还很棒。平均每月才2300元，生活压力一下子减轻许多。对于生活上的这种落差，Linda适应得很快，她想这应该是受登山的影响。很多时候，我们不需要那么豪华的生活。

换个角度再看选美获得创作灵感

Linda觉得自己暂时还难以安心在家写作，于是打电话到香港找到给她第一份工作的老板。每年他都会请Linda介绍一些人做选美顾问。这次，她问老板，"今年我来做如何？"于是多年以后，Linda又再次回到选美节目中。

不一样的是，1991年的时候，她和选手们年龄相仿。十几年过去了，她就比现在的选手们年龄大好多。有个从温哥华来的选手得知Linda是从加拿大回来的，竟误以为是同学的母亲。而Linda的感受也是不一样的，以前是充满好奇的尝试，但这次她看事情就会有新的角度和体验。

选美小姐遇到不开心的时候，常来找Linda聊天。她们压力真的好大，刚开始看到自己的名字上了杂志、报纸还挺开心，到后来一些负面报道越来越多，把她们的家人、亲戚都牵扯进来，就很不好受了。一个女孩找Linda聊天，说同组的三个选手合起来排挤自己，不知道怎么莫名其妙得罪了她们。后来在韩国拍外景，Linda看到四个人在镜头前合作很默契，彼此也很友善，就问那女孩："你们关系好了吗？"女孩回答："关

系仍是不好，但拍照的时候如果不开心，那么丑的人肯定是自己。工作时就不该受情绪影响，才叫专业嘛。”

这件事让Linda颇受启发，觉得很多选美的技巧是可以转化为职场生存技巧的。她想写一本通过选美的角度来谈职场技巧的书。比如，和同事相处时，可以向选美小姐学习，你不一定要喜爱每一个同事，但仍可以跟他们每个人保持合作。谈不来的同事，下班后可以少接触，关系好的同事下班后可以一起吃饭、聊天做朋友。对客户也一样，不一定要都喜欢他们，但要尊重他们的看法。每个人固有的经验和背景都会影响到对事物的看法，包容并互相尊重，是人与人交往的底线。

每次选美初赛要从几百个女孩里挑出最优秀的20名。来面试的女孩要在三分钟之内介绍完自己，评委就是靠这三分钟的印象来判定她的去留。这就像职场面试一样，每个人的履历都差不多，需要在面试时更好地表达自己，从而争取到第二次面试的机会。她觉得自己可以把这些心得写下来和大家分享。

这些年，Linda一直忙于培训事业，写作计划一再拖延着，先是不知道要写什么和怎么写，现在她终于有了明确的思路，也找到了一个很好的出版商协助她一步一步把书写出来。

如果对自己的私生活和男女关系跟对工作的态度一样的话，肯定早就营造出一个幸福家庭了。

做任何事都需要些冒险精神

Linda觉得很多事情是急也急不来的，在对的时候就会做对的事情，一步一步顺其自然。但是遇到机会就要争取，并且要有敢于冒险的精神。正如她现在自己开公司，并不是离开博雅时就有的想法。在做培训的过程中，经常有领导问Linda能不能培训他们即兴演讲。因为他们常会在出席一些场合时被临时要求演讲，有时会突然就不知道该讲什么，他们非常需要这样的培训。

正好2005年Linda去美国，看了朋友在纽约做的“即兴戏剧表演”。所谓“即兴戏剧表演”就是观众随便给一个主题，演员临场发挥即兴演出，相互之间配合要非常默契。看完演出，Linda就琢磨他们的临场反应那么快，演员们平常训练肯定有什么方法帮助他们增进沟通的。她做过那么多年的沟通培训，她有经验去提炼可以利用的知识。同时她也发现，国外已经有类似组织在做这样的培训了。正巧后来碰到过去的一个客户，聊天时提起曾经在法国学“即兴戏剧”。这让Linda很惊讶，没想到身边正巧有人懂，两人很谈得来，Linda便邀请她一起组建培训公司。

Linda说自己喜欢冒险，而做人做事也正是需要冒一些风险的。刚成立公司时，她想到自己手中有一些培训的客户，起码不算从零开始。用心地去做，至少能够维持场地租金和员工工资。她的理念一直是这样的：花了钱，才能赚更多钱，不花钱就不会赚到钱。而且她坚信做事一定不能因为钱去做。钱就像男人一样，你追着他，他就会跑，你越是对那个男的说我不在乎你，他反而会追你更紧。

成立公司，大大小小的困难有很多，从设计、筹钱注资到选场地。当初，找办公地点时，Linda的朋友请教一个经常在胡同里转悠的摄影师朋友，对方说方家胡同正有办公室出租。她们当天下午就过去看。地方很好，Linda第一眼就很喜欢，有想要的那种气氛。从签约到注册公司，不过是三个月时间。

2009年6月份，Linda在北京方家胡同的艺朗森（北京）咨询公司正式成立了。开业初期免不了要经历一个探索阶段，但在Linda的不懈努力之下，她全身心投入的这份事业在北京终于有了起色和长足的发展，在这个过程中她更是认识了很多志同道合的新朋友，这份冒险的精神正开启着她人生新的一章……

身心健康是独立的女人最大本钱

Linda觉得自己作为职业女性，尤其经常要做培训，如果太胖就会对自己的心理造成压力。最好能通过一些科学的方法并配合营养搭配让自己瘦下来，再去做运动维持体形是最好的。Linda发觉女人瘦下来有好处，既容光焕发又促进经济发展，因为觉得自己好看了，就会勇于消费，很有心情去打扮。

在Linda看来，对于一个独立的女人来说，最大的本钱就是身心健康。

无论有没有伴侣，都要好好过

这些年Linda一直保持着单身，她经常笑着说：“如果对自己的私生活和男女关系跟对工作的态度一样的话，肯定早就营造出一个幸福家庭了。”

在工作上，Linda相信只要执意努力就能达到目的，但情感上不是单

「不能强求，这种事情要在对的时间对的人身上同时发生不是那么容易。」

方面努力就一定能争取到的，更多时候还是取决于命运的安排。这不像工作，如果你做得好，客户会给你回报，再和你做生意，这里讲究的是公平。但是人的感情就难说了，你对别人好，别人未必就对你好，不能强求，这种事情要在对的时间对的人身上同时发生不是那么容易。

她一直认为无论有没有伴侣，都要好好过。在Linda的世界里，朋友是非常非常重要的。有一拨兴趣相投的朋友，生活就不会觉得很有压力或无聊。Linda很幸运地结识了很多不同领域、不同国籍的朋友，时常和朋友吃吃饭看看电影，或者一起去旅游。有些人可能会觉得没有爱情，活着就很无聊。但人的情感可以有很多方面的出口，人要懂得独处，这跟有无伴侣没有关系。要知道怎么为了自己而生存，找到一个生存的意义。现代女性是很幸运的，可以有自己的事业，自己的朋友，也可以独立供养父母。

尝试把自己变得更柔软一些

反省自己，Linda觉得性格上也有些问题。最明显的是当工作和私人生活有冲突时，她肯定先照顾工作。在工作中，她会很尽力跟客户沟通，也会注意说话技巧，尽可能用婉转一些的态度。但在私人生活方面，如果和某个男人发生了问题，她就认命了不再去争取，或用很直接的态度和方式解决。

某次一个男人跟她抱怨：“你总是经常出差，很少时间在本地。”Linda当即说：“在认识你之前我一直是这样的啊，我现在为什么要改变？”她的女朋友听说后就批评她：“哪有人这么直接说话的？”Linda心想，如果是一个客户这么说，她肯定会用婉转一点的方式去表达，说：“对不起，我也是不想啊，但是没办法，我要工作嘛。”但在私人情感上，她的说法就的确显得很没趣了。平时她在生活中独立性很强，也会让男人觉得有他没他都没关系。

以前没意识到和别人沟通时自己挺强势的，但现在自己当老板，有很多事情是不能一个人做的，必须要靠员工，要聆听他们的想法。虽然他们可能比较年轻，但年轻人有自己的思维，也未必就是错的。所以她现在学习提醒自己，别太强调自己的观点。特别是年龄越来越大，会越来越觉得自己是对的，这是很危险的，像俗话说的越老的人越固执。她开始有意识地提醒自己，尝试改变，把自己变得更柔软一些。

健康的身体是革命的本钱

有那么多的事业，没有健康的身体是做不下去的。她曾有两次妇科检查要求做手术，但她因有很多客户的事情没完成，一直拖延没去做，直到医生说不做不行了。Linda去医院手术，躺了三个星期。当时就发觉自己太傻了，其实照顾身体才是最重要的，因为这是没人能帮得了的，而客户的事情会有老板和同事帮你打理。

从小的家庭教育让她比较注重自己的形象。去什么场合，就要穿什么衣服。除了外表的要求，还有体态。虽然她平时没有太多顾忌，也不挑食，但是一直坚持运动。跑步、打高尔夫球，所以这么多年体型都保持得比较好。但去年一下就胖了5公斤。好像是人到中年，喝水也长肉的时期。Linda觉得这是人自我保护的自然方式，人的年纪越大骨头就会越脆，自然开始长脂肪来保护骨头。但现在很多医生也说，胖会引起血压方面的问题。因为自己平时工作很忙要经常出差，不一定有常规地去做运动，所以要时常提醒自己调整身体。

Linda觉得作为职业女性，身材如果过胖是会对自己的心理造成压力

Linda觉得作为职业女性，身材如果过胖是会对自己的心理造成压力的。

的。有些人减肥比较容易，不吃饭三天就马上瘦了，但这不是长久的。之前有朋友在香港玛花纤体店做过保养和瘦身，感觉非常有效，而且用一些比较健康科学的方法，Linda对此也很期待的。

早几年，Linda刚到内地时，作为一个香港人因为对国际上的事情懂得比较多，一直在教授内地人怎么学习外面的经验。但现在有很多海归，中国和世界已经接轨了，可外国却对中国仍停留在一个空白或不了解的状态，她现在最想做的，就是把中国的文化理念输出到国外去。

Linda相信有一天可以带“人民即兴公社”到国外去演出，这也正是她想把中国文化传播出去的梦想。

钻石女Linda
分享成功要素

1 保持好奇心非常重要

一个人有好奇心非常重要，拥有一个好奇的脑袋是一个女人最性感的一面。有好奇心才会去提问题、了解问题、找到解决方案。如果有一天你发现对什么都不好奇了，那反而是一个很大的警告，预示着没有生命力了。

2 做任何事时不要光看到钱

我们当然要干活来养活自己，但如果眼里光是看到钱，是不会有长期成功的。找一个自己喜欢的工作，你这一生就都不再需要工作了，当工作成为你的爱好时，对你来讲这个就不是工作了。

3 有一些小嗜好

一个人无论工作多么忙，都要有些业余嗜好，可以排遣无聊的时间。对Linda来讲，就是书和音乐。她一个礼拜可以读三本书，在生病或情绪不好时，只要一唱歌，就什么都忘了。

4 如果你想当经理，现在就得穿得像经理

去什么场合，就要穿相配的衣服，甚至连袜子和上衣的颜色都要一致。一个人的穿着打扮是对别人的尊重，穿着代表着自己的形象。Linda经常跟一些年轻的员工说，如果你想当经理，现在就得穿得像个经理。老板看了才会觉得你可以当经理。而不是等当了经理后，才去学怎样打扮得更像。

李艾给钻石女的锦囊

改变一下套路，增添女性的柔美度

大部分钻石女都非常忙碌，她可能大部分的时间都在办公室，平时基本忙碌到连私人时间都没有了，剩余的时间最多做一下美容，但不太能有更多的时间去健身房。可是一旦她觉得去健身是很有必要的，她就会非常坚持。钻石女是这样的，只要她下定决心，她必然就能贯彻到底，而且不达目的不罢休。

把瘦身列入生活计划中

这种事业型的女性都是可以放弃周围所有的事情来达到某个目的的人。如果，她下定决心要减肥的话，定了这个目标，就会放弃很多其他事情，她会先把这个事情完成了再说，绝对是一条路走到底的人。

钻石女大部分都是职场的高管，干练自信，能力超群，她觉得自己在某个地方可以获得足够的自信，所以她对外表有时候会有一些忽略。当然，她并不是说完全不在乎自己的外表，而是会有一种穿衣方式来贴合自己的形态。所以对她们来说，可能最重要的是在她的生活计划当中得有瘦身这一条。否则的话，她眼中可能会无视这件事。她的问题不在于她做不到，或者没有毅力，其他女人会犯的问题都不会在她身上出现。可能对她来说，最可能犯的错误是她根本不在乎这个事。

转变一下干练的风格和发型

钻石女通常都是超级自信的，她的穿衣风格可能习惯一种套路。因为她肯定觉得自己没问题，她认定这就是最适合自己的，不需要别人来指点她该穿什么。对钻石女而言，她需要提醒的不是像穿白衬衫要配什么裤子、裙子这类问题，她有自己的一套。因为她比较自信，再加上她对外表的事情并没有那么在意，她可能会以一种形象到底。如果说她是短发，可能就会一直是短发，不会尝试留长发，或者是烫一点卷等等。

但其实每个人都是需要一些提醒和建议的，钻石女需要的建议该是让她放开心胸，时不时要变化一下。对于这种超级自信的事业型女性，可能增添一点点女性的柔美，对她们的事业会更有帮助。因为我们会发现，一般事业型的女性，很干练，喜欢指挥别人，习惯于下命令的，她的脸部的线条和棱角都非常的明显。我们通常都说女性30岁以后，需要对自己的模样负责了，而长期的习惯会让她的形象过于硬朗和严肃，甚至可能表情也较为严厉。当你的脸部线条已经比较硬朗的时候，你就需要在外形方面给自己多一点女性的柔美。适当地换一换自己的风格，这样对做事有时候是会更有帮助一些。

发型会是改变形象最简单最直接的一个方式，尽量避免那种特别棱角分明的发型，比如说沙宣剪式的，虽然说很新潮，但是对钻石女来说反而更突出她们的硬朗和棱角。稍微有点层次或者有一些蓬松的发型，甚至有时候略有一点零乱，反而会给人觉得有亲近感。

选择中间色系的衣服，运用披肩

衣服颜色的选择上，不要以饱和的颜色为主，可能选稍微中间一些的颜色，比如说淡蓝、淡粉，也不是说一身都要这样，只是说某一些点缀上是用这些色。在衣料的选择上，尽可能不要选像阿玛尼那种职业感较强、比较亮的布料，可以选一些毛线衣，很柔软舒适的羊绒衣，反而会给别人充满女性的感觉。披肩也是一个很好的点缀，比如说羊绒的那种，有毛毛的那种感觉，在办公室里比较常用。披肩也是在办公室里比较适用的装饰，因为有空调，就算是夏天也可以披一下，当你披上披肩的时候自然就会流露出女性的柔美。

选用圆润柔和的饰品

饰物上可以选用珍珠，钻石女就尽量少用一点钻石，因为本身就很耀眼了。平时可以多用一点珍珠，尽量避免纯金的饰品，像金的饰物或很金属感的饰物都会让人觉得太酷有距离感。银是比较好的选择，像珍珠这种比较圆润有光泽度的饰物都会比较合适。

玛花纤体运营总监的专家建议

钻石女的纤体分析

钻石女实际上是属于一种女强人的性格，她很聪明很有能力，在职场上叱咤风云，很有魄力。她最大的问题可能是太强势，非常专注在工作上，有一种咄咄逼人的气势，可能会忽略很多家庭关系，或跟别人交际的方式。但是，钻石女对自己往往也有很高的要求，她们极力把自己打扮成一下子就可以威慑别人的人。

如果钻石女来到玛花，我们会首先多花一点时间去了解她整个的身体情况，会特别关注她想要瘦的地方，会给她们量身定做课程。钻石女非常的强势，也知道她们要的是什么。以我们的经验，她们会有很多的应酬，吃饭时间都不是很有规律。钻石女应该是属于时间比较紧凑的，一般每个课程能达到什么结果，要花多少时间，我们事前会跟她说清楚。

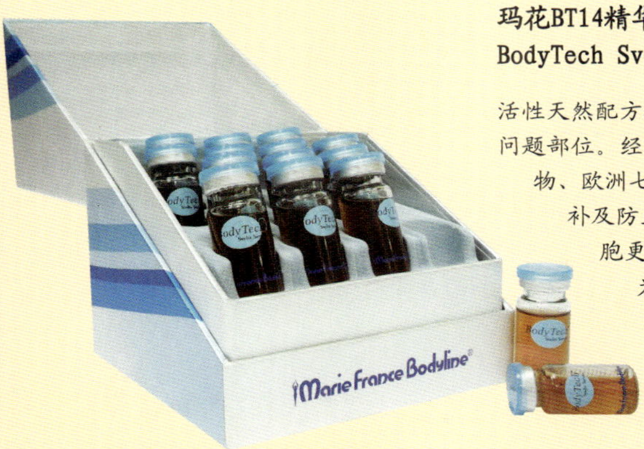

玛花BT14精华素

BodyTech Svelte System　　7ml × 14支

活性天然配方凝聚欧洲最新纤体科技，能集中提升、收紧问题部位。经临床实验证明，其富含的乳酸、雷公根提取物、欧洲七叶树提取物等13种活性天然成分，能有效修补及防止皮肤松弛下垂，令肌肤柔滑紧致、促进细胞更新，提升肌肤亮度。其中，玛花BT14精华素为14天强化课程配合使用，连续使用14天，肌肤重拾光彩，塑造完美曲线。

有一些钻石女是有家庭、有孩子并且有经济实力的，部分的顾客对自己的要求并不是达到非常的苗条，她们其实就是想要有一个健康的身体，脂肪不可以超标，体重维持在正常的范围，不需要特别瘦到要去走秀的那种身材。她们很理性，她们知道自己经常要应酬，吃饭不规律，这些都直接影响到生理的变化。当然我们也有一些钻石女，可能还没有结婚，时间是非常多，但是她们对自己的要求就很高了。可能就会为了一斤半斤的体重波动而疯狂。

对于钻石女，我们建议她做的课程有很多是保养型的。钻石女往往都是在高压下生活，无论个人感情也好，家庭也好，事业也好，看上去她风光无限，但压力是很大的。对于长期处于高压下的女人，更要注意荷尔蒙的变化，同时也要注意淋巴排毒。淋巴如果一阻塞的话，无法很好的排毒，人就容易经常觉得累，这会形成一种恶性循环。我们会先安排她做一些淋巴排毒的课程。如果钻石女经常要应酬，她可能会抽烟喝酒，我们的营养师就会告诉她，如果实在无法避免抽烟、喝酒，就要注意怎么吃，吃什么可以减少尼古丁和酒精的伤害。

无论多么强势的女人，多漂亮的女人，都要面临年龄问题。钻石女最怕的是不能掌控事物，她必须要一切在她的掌控当中。不过只有一样东西她不能掌控，就是她的年龄会一天天增长，但是怎么帮助顾客去掌控、去抗衰老，就是玛花纤体做的，我们的课程不单仅仅包括瘦身、纤体、紧肤，更多的是保养。

钻石女之玛花纤体Q&A

Q 我发现到了一定年龄之后，虽然吃得和以前一样多，可是还是会发胖，这是为什么？

A 发胖一定是有原因的，不论是生活方式或饮食习惯，很多原因在你年轻时并不会导致脂肪细胞增多，却都会在年龄渐长后导致脂肪增大，导致身体横向发展。我们先来看看是什么原因导致肥胖：

审视您的肥胖因子

- 饮食习惯（外食，应酬多，食物结构的改变等）
- 年龄，性别（基础代谢率下降，激素的影响）
- 情绪问题（压力容易导致肥胖）
- 疾病造成（内分泌或代谢功能失调）

在进行情绪和健康管理的同时，还需要改变一些从少女时代就养成的生活习惯，并配合一些全方位紧致纤体课程，如玛花的BTS（激活经络塑身护理）课程，它利用真空负压原理，有效带动淋巴流动加快毒素排出，改善肌肤新陈代谢，使下垂的松弛的肌肉获得改善，回复弹性。在杜绝“中年发福”的同时，更抵抗岁月带来的肌肤松弛问题。

美丽至上的
美人娇

美人娇可分为两种不同状态：一种是聪明的资源利用者。她把美丽视为重要的个人资源，对她们而言，追求美丽的意义，是希望将资源最大化，例如在职场有更好的发展，在情场吸引更优秀的对象等等；而另一类美人娇，则是把美丽视为生命的最高追求。爱美，其实是实践生活哲学的道路。她们借由装扮自己及维持美丽，来展现自己的生活美学，而这个生活美学概念也会影响她们看待世界的方式。

张怡筠博士人物点评

美丽是她对生命的态度，幸福的美人娇由内而外都美丽

1 性格特征

美人娇可分为两种不同状态：一种是聪明的资源利用者。她把美丽视为重要的个人资源，对她们而言，追求美丽的意义，是希望将资源最大化，例如在职场有更好的发展，在情场吸引更优秀的对象等等。

这类型的美人娇清楚知道，美丽能让人自信，并拥有更多的资源和机会。无论是职场还是情场，一个人的外表会在他人心中留下深刻的第一印象。她们深信不疑，身处这个快速变化的社会，你只有一次机会建立第一印象，所以必须有效地展现美好自己，才不会错失资源和机会。

而另一类美人娇，则是把美丽视为生命的最高追求。爱美，其实是实践生活哲学的道路。她们借由装扮自己及维持美丽，来展现自己的生活美学，而这个生活美学概念也会影响她们看待世界的方式。

别人也许不一定理解，甚而误认为她们肤浅，因为她们似乎总是花太多时间在穿着打扮上，而这类型的美人娇认为，她们是创造better city, better life 的人，“我有对美丽的追求，我有美感的艺术眼光，所以我更有能力挖掘及感受世界的美丽。”是她们的想法。

同时，美人娇也觉得，当一个人懂得美，并努力追求美，她也是在为世界创造一个更令人愉悦的环境和氛围，“我把世界变美丽了”则是

她们的得意心情。

一位美人娇她本来就很漂亮，嫁给整形医师之后，身上从上到下做了10多次手术。我在一个电视节目中认识她，她铿锵有力地说："我的人生目标就是美丽！一个女人想让自己变美，而且一辈子都美，我认为这是一个最有毅力的梦想。谁说我们肤浅？对一个定下目标，并说到做到的人，怎么会肤浅？"

由于自己关注美丽，美人娇无时无刻都想着美丽，她们常常是热心的形象顾问，时时给旁人提建议，希望能帮大家也变身美丽达人。

2 可能存在的心理挑战

过于追求完美，产生"丑陋焦虑"

由于着眼点都聚焦于美丽，美人娇在内心深处不免会做出联想：只有时刻是美丽无瑕，自己才是完美女性。

在内心深处，美人娇容易产生两种焦虑：第一，担心如果美丽退去，别人的眼光也跟着散去，而自己的机会也可能就此离去；第二，担心别人只看到她们的外表，而无法透视她们的内在，以为她们是"外貌协会"忠实成员，只会以貌取人。

之所以有这样的念头，和美人娇从小到大的成长经验有关，因为她们外形出色，自幼就不断地听到周遭大人们的称赞："好可爱，好漂亮……"，伴随着喜爱的眼光，让她们意识到，美丽会赢得赞赏。也容易产生一个价值判断：只有美丽，才可能赢得他人赞赏，也才能凸显自己的价值。一旦有着这个念头，就容易产生"丑陋焦虑"："万一美丽不再，拿什么来吸引他人肯定自我？"

容易顾此失彼

因为把许多精力都花在追求美丽这方面，有时就无暇顾及生活的其他层面，难免出现顾此失彼的失衡状态，让生活中其他方面黯然失色。

这往往也是引起周遭亲人不解，甚至不满之处，例如：身为母亲，花这么多时间购物，孩子都无暇照顾；身为学生，只关注电视上美丽达人的言行，什么时候有空读书?

我认识的一位美人娇，她每天追踪最新的时尚信息，而忽略了照顾家庭，导致企业家先生大为不满，而争吵不断。当婚姻中出现第三者时，她不去反省自己的沟通能力，而是归咎于自己脸部线条不够完美，于是第一时间点做出的动作，不是与老公面对面沟通，反而冲进了整形医院，结果可想而知，修改了脸型，却依然无法挽回婚姻。

容易产生人际压力

美人娇对美丽的坚持与追寻，一不小心就会成为与他人之间互动的隔阂。因为在他人的眼中，美人娇太完美，容易让人自惭形秽。有美人娇在身边，总会让其他人担心，自己是否会被嫌弃？我就听过男性友人说：“有些美女只适合远观，不适合交往……”因此谈婚论嫁时，美人娇也尴尬地发现，自己的美丽有时成了障碍，让人无法靠近。

此外，在爱情中，爱美过了头的美人娇，万一有着完全自我中心的态度，反而会大减经营幸福的能力。一位企业家娶了一个名模，刚开始所有人都羡慕不已，两年后企业家要离婚，原因是：“大家都觉得我老婆漂亮，我刚开始也这么觉得，但结婚两个月之后，我就再也不觉得她美丽了。因为她一开口就是抱怨唠叨，实在难以相处……”

3 心理成长建议

让美丽从眼神开始

说实话，一个女人有对美的追求，说明她对生活有渴望，也对幸福有期盼，其实是好事。我的一位艺术家朋友说得好："女人若不爱美，她就很难爱自己。"

但对有些美人娇来说，会发现自己陷入"成也美丽，败也美丽"的尴尬境地，若觉得自己的心情需要调整，不妨重新思索自我展现美丽的方式。

我在美国读研究生时，曾认识一位与众不同的美人娇。

有一阵子我去做艾滋病患者的服务志愿者，每天中午帮一些身患重病的艾滋病人送午餐。那是20世纪80年代末期，艾滋病刚刚出现，在当时被认为是可怕的不治之症，人人避之唯恐不及。和我一起做志愿者的有一个女人，外形非常亮丽，每天打扮得如名模般精致，开宝马车来帮艾滋病患送午餐，令人眼前一亮。问她为什么会来？她说她的弟弟死于艾滋病，身为家属，她深刻体会到艾滋病人不被理解，也不受关怀，她很希望借此为死去的弟弟做一些事情。

原来如此！我看着眼前的她，即使出来做义工，都没有妥协自己的美丽，显见自己对美丽很有追求。然而在她身上，我看到最美丽的地方，是她充满关爱的眼神。即使在这不甚美丽的世界中行走，她的眼神仍包容周遭的一切。这么多年来，她美丽的眼神仍让我难忘，因为她的眼睛里，不仅只有自己，也不仅只有自己的美丽，更有着对他人及世界的关心。

所以在追寻美丽的同时，美人娇也别忘了提醒自己，眼中有爱，就会让自己的美丽成为温暖的感染力，而不是高傲的杀伤力。

提高人际敏感度

万一发现自己的美丽给旁人造成压力，例如：身旁的朋友显得手足无措，对你尴尬苦笑："不好意思，我今天很丑，都没化妆……"或是："我今天这样子，看起来像你的菲佣……"这时高情商的美人娇就该采取行动，来化解别人心中的压力了。我认识的一位美人娇在身处类似状况时，马上微笑说："呵呵，这年头流行裸妆，你不化妆都很迷人……"并立刻把眼上的名牌太阳眼镜取下，挽起朋友的手："咱们俩一看，就分明是好姐妹……"

Bravo！这些高情商的动作，立刻将笑容带回朋友脸上，并也帮美人娇在美丽积分板上，再添几分！

Solo：“持久的美来自健康的生活方式。”

Solo是一个名副其实的美人娇，她只要在公众场合中一出现，就能牢牢地抓住你眼球，大眼睛高鼻子尖下巴、身材修长、曲线玲珑，举首投足间亮点十足。

你肯定想象不到，她居然曾被叫做“小胖子”，甚至在高中的时候和母亲走在街头，还被人在后面指指点点嘲笑她太胖。

她目前是国际知名时尚杂志的资深美容编辑，她的职业就是通过自己的实践告诉读者们如何扮靓，如何更有魅力。而她自己的生活就是爱美、实践美、从对美的追求中获得幸福感。

那么，Solo是如何成功变身时尚的美人娇的呢?

美人娇非常案例

美人娇Solo在生活中实践美

小时候曾误以为胖才是健康

Solo 是家里的独生女，从小就胖，家里人也觉得小孩胖些显得更健康，更有活力。

Solo从4岁开始学钢琴，每星期都要去钢琴专业老师家上一两次钢琴课，老师喜欢给小同学们起外号，她姓李，所以就叫她“李胖子”，没想到这一叫就是好多年。老师那时也觉得胖小孩身体素质好，手指够有劲。

在这种环境下，Solo从小就抱着这种心理，觉得瘦是不健康的，只有胖才是健康。一直到中学时，她是学校里的游泳队成员，成绩很不错，但后来就因为体型较胖，体育老师劝她退出游泳队，说会影响成绩。那时她身高1.63米，体重却达130多斤，加上肌肉很结实，看上去特别壮。她当时心里很委屈，心想为什么胖会影响成绩，居然还被劝退，生活里第一次有因体形而被排斥的感觉。

平时和同学们一起照相，总觉得女同学们都是花花绿绿的裙子，看上去青春亮丽，而自己穿来穿去都是各种衬衫。自己虽然也想跟别人一样穿漂亮的花裙子，但实在不是那块料。那阵子，有一部电影很流行，里面的女孩子们拿窗帘布做有花的太阳裙。Solo看后很向往，于是手巧的妈妈照着电影里的样式给她做了一条白底小碎花裙，非常漂亮。可是Solo穿着一照镜子，发现自己像一只大象身上画了很多花，备受打击。

钢琴老师也开始变得讨厌了，只要她弹不好，就经常拿胖来教训她，骂她胖子，说什么“油纸包心”、“猪油蒙心”。好像瘦子可以变出各种花样来，胖子怎么老是油腻腻的感觉。小时候被人叫“李胖子”无所谓，长大后还是被人这么叫，Solo心里开始不是滋味了。

成功减肥当上美容编辑

高考后，Solo 顺利地考上了上海交通大学。此时她觉得终于可以腾出时间和精力来减肥了，再不瘦下来，以后就不知道该怎么办了。那个暑假，Solo 基本上没吃什么东西，坚信瘦是硬饿出来的，有时甚至有些减过头，整个人松垮了不说，头还显得特大，看起来就像颗大头菜，那时就想饿死算了。后来她开始跑长跑，坚信多跑一公里就能减一斤肉，这种坚持减肥的生活持续到大三，Solo终于把体重成功控制在94斤左右。当时任何能减肥的素食、饮料、饼干、茶，她都吃过了，除了减肥药实在是怕有副作用。从那以后，她最烂熟于心的知识就是什么东西最减肥，讲为什么胖会影响成绩，居然还被劝退，生活里第一次有因体形而被排斥的感觉。

起来如数家珍，具体到怎么做菜，怎么处理食物，蔬菜基本不是生吃就是在水里焯一下，既不加油也不加盐，越简单越直接越好。

大学毕业以后，Solo没有像别的同学那样急着找工作，而是新、马、泰、日本等地方到处跑，玩了大半年。父母也曾提议让她出国，可是到了国外又能做什么呢，离爸妈又远，思来想去Solo还是愿意待在上海的。正好有朋友推荐她去知名时尚杂志《VOGUE》工作，而Solo因为成功瘦身给自己带来的改变，对时尚和美带给女人的变化也有了新的认识和兴趣，当得到这个工作机会的时候，就欣然抓住了。起先，她对杂志这个行业很陌生，但慢慢地开始喜欢上了美容编辑这个工作，而且一做就是七年，直到现在。

Solo眼袋天生就比较明显，平时加班太累或睡得少，眼袋就变得特别大。只要休息好了，又会消下去。2005年夏天，因为连续两天加班太过厉害，第三天早上起来一照镜子，就发觉不对劲，眼睛下面就像挂上两个水袋，又沉又黑，完全是一只大熊猫。当时觉得那形象太惨了，自己不能因为加班就把身体和脸赔进去。上班前，她先跑到杂志社旁的“xx整形”医院去咨询，医生说得很轻巧：“你这眼袋是天生的，割掉就好了。”Solo便问是否需要做什么准备？当时医生的回答很风趣：“没关系，你现在躺下，也就可以割。”Solo立刻回公司请假。老板很开通，当即痛快准假了。Solo跑去医院当天就做了眼袋割除手术。因为是个小手术，当时也不觉得难受，第二天先去拆了绷带就直接上班。这算是她人生中的第一次整形手术。

追求美丽至上，体验整形

Solo之所以会恋上整形，与美容编辑的职业不无关系。那时她手上正新开一个专栏，向读者介绍各种美容手术的作用与功效。那阵子刚好流行开眼角，她不知道什么叫开眼角，于是跑去整形医院采访，最后她问医生自己能开吗？医生说她脸上还有一点点余地，最多开一两毫米。她当即豪爽地把手一挥："那行吧，开一个。"就是这么随性的举动，她把这次的经历写成了文章，刊登后反响很好，许多读者打电话来深入了解。Solo觉得身为美容编辑，写作前最好先自己有亲身体验，知道怎么回事了，跟读者描述起来会更贴切形象，加上现场亲历感，读者读起来也有说服力。就这样，全身上下，大大小小的整形手术，加起来前后动了二十多次。

也因为工作的关系，Solo一直与整形医生保持着良好关系。通常出了新的产品和整形手法，他们都会让她体验一下，知道是怎么回事。有很多新技术，她都拿自己来当小白鼠，检验一下产品的功效，刺激而有趣。每次整形说穿了就是几毫米的事情，眼角割一下，就两毫米；鼻子削去一点，也就一两毫米。有时别人可能看不出来，但自己天天照镜子，会觉得变化很大，每弄一次都觉得与以往不同了。

除了面部整形以外，Solo还抽过两次脂。其实，照一般人的说法，她的两次抽脂经历挺亏的，都是因为工作的关系。自打进大学瘦身以后，就基本上一直保持体重，平时也经常会去健身房，她的体形说实在已经没什么好抽的了。第一次去尝试抽脂，最主要是因为当时大家对抽脂有两个极端的认识：一方面觉得抽脂会死人的，另一方面有人又觉得抽脂特别神奇，无论体重怎么出格，抽完脂，情况马上变好。Solo对这两个说法都不太相信，就决定自己去抽一下试试。她决定去抽下腹、臀部和大腿，之所以会选这三个地方，是因这些部位都是典型的运动死角，无论多么努力运动都很难改变的部分。自己正需要了解抽脂的效果，顺便把运动死角抽掉，以后也不会那么痛苦，一举两得。抽脂是个全身麻痹而且是较大的整形手术，还好手术下来感觉效果不错。第二次抽脂是2009年，这次是因为以前在人们意识中，都认为是人胖了以后抽脂改善体形，而现在的新趋势是，抽掉一点点但不要太多，这样可以有效地预防发胖，并且也出了一种新创的抽脂技术。她再次决定去尝试一下，抽两边侧腰。可抽的脂肪其实很少，连医生都觉得是最没有成就感的一次手术。但是做过后确实有效，既让腰部线条更紧，又可以较好地防止人发胖。

整形需适可而止，否则过犹不及

整形毕竟存在一定风险，所以事先要做充分准备，有足够心理承受力，并求助于专业、正规的机构。即便如此，整形也需要适可而止。

那一年，Solo连续做了三次全麻手术，后来她发现记性超差，就有些担心手术伤害到了自己的健康，所以这两年就很少再做手术。虽然本来的出发点是好的，只是为了追求美丽，想让自己更开心一点，但如果因此把自己弄痴呆了，不划算，过犹不及。

在Solo看来，整形是工作实验，偶尔也是有效的解压方式。比如，她现在脸上有个色斑，其实除了自己外，没人能看得到，毕竟只有针尖那么

「Solo总是去追求更好、更美，但也可以容忍生活的不完美。」

大，但就是不喜欢它，就会立即去把它打掉。如果等色斑积累多了再去一次性搞定，反而更痛苦。所以宁可预防为主，每次小小的修补，虽然次数多一些，但恢复起来更方便。

Solo觉得这些习惯于己，都是很自然的事，并不需要去寻求一个原因，生命就该是那样顺其自然，让自己舒服。在觉得不好的时候就去把它拿掉，尽量把自己维持在一个比较舒服的状态，也就不需要太痛苦地去花费心思生活。这样做，一方面觉得整形这件事本身就挺好玩的，一方面工作压力一大，往手术台一躺，就什么都不知道了。醒来以后换了个面貌，感觉人生又重新上了发条。久而久之，也就上瘾了……

追求美丽但要容忍不完美，才能幸福

Solo总是去追求更好、更美，但也可以容忍生活的不完美。完美的标准太难界定了，人总归是想两全其美，遇到分歧，又难以取舍，这是很基本的人性。两样东西都很好，那自己选吧，心里清楚自己想要什么就可以。Solo觉得只要一个人活得舒坦自在，也不会妨碍到别人，那就很好了。

Solo对美容编辑这一职业很乐观。她觉得，目前中国因为刚开始起步，很多东西不稳定，很多人工作跳来跳去。但看她们在美国、英国的同事，从业时间都是二十年打底的，经验这种东西，并不是说做了五年七年就可以掌握了的。在巴黎，五年对美容编辑来说不过是助理升成编辑的一个时间段。既然想做传媒，没什么好急的，那就好好慢慢地做吧。随着经验的累积，对自己的专业领域也越来越有自信。

皱着眉瞪着眼，鱼尾纹就长出来了

Solo和男友在一起五六年了，始终保持着一个很放松的状态，彼此都给对方足够的自由和空间。

刚开始Solo跟男友说工作烦心，想把眼袋割掉解解压时，男友完全当她是在开玩笑。没想到她真的就去这么做了，起先男友对她的这些整形举措非常抓狂。后来，男友看到Solo每次手术后，什么事情都看开了，心情也大好起来，也就理解了她，说："你开心就好，但不要搞得太过分。大的整形手术不要经常做，小心伤害到身体，毕竟是有风险的事情。"

两个人长期一起相处，也不是没有分歧。偶尔吵架时，看到男友的脸那么难看，心想自己的脸也肯定是很难看的，皱着眉瞪着眼，一想到这儿，Solo的职业反应就来了，"啊，瞪眼睛鱼尾纹就要长出来了。"想到这里一分心，就觉得没什么好气的了。

皮肤科医生一直对她说："生气是用别人的错误来惩罚自己。"所以Solo 自从发现生气后脸色会特别不好，而且愁眉苦脸对皮肤的危害也很大，容易长皱纹以后，就很少发脾气了。现在Solo觉得最好的保养办法就是尽量不让自己的情绪起伏过于厉害，不断地学习控制自己，时间长了，脾气和皮肤居然真的变好了很多。

Solo相信己所不欲勿施于人，也相信己所大欲也勿施于人。自己特别喜欢和特别不喜欢的东西都不要强加给别人。这样大家相处起来可能会更舒服融洽一些。

以貌取人，也不是全无道理

Solo是近视眼，但平时她从不戴眼镜。也许是出于职业习惯吧，她发现一戴上眼镜，总会看到别人脸上长了多少雀斑，脸部松弛情况如何，皮肤上皱纹多不多，牙齿是不是该漂了等等。她觉得自己有很严重职业病，试想谁脸上会干净得没有痘子、色斑和皱纹？索性她平常就不戴眼镜，现在看谁都是美女。

以外貌取人，在Solo看来也不是全无道理。外貌、举止确实是可以反映一个人的部分性格。她最看不得那种非常邋遢的女人，脸上生满痘也不加以注意和治疗，还继续烟酒无度。这些人属于那种不知道自己是谁的人，把任性当成自己的个性，并贯彻在生活中。如果说一个人连自己都不在乎，相处起来，肯定会有很多问题。自己的事情都那么随意，怎么可能会去在乎别人呢，又怎么会认真对待朋友间的友谊呢？遇到这样的人，Solo会选择敬而远之。

一个人长什么样子，皮肤如何，都是先天的，父母给的，要感谢他们。但是你有好的条件也不能拼命去毁掉，毁是毁不起的。后天养成的是一种心态或行为上的涵养、素养，这是需要慢慢培养的。Sol0平常不喜欢戴首饰，不喜欢化妆和过多修饰，她觉得呈现出皮肤最自然的状态，反而是最美的。为了保持皮肤的自然状态，她坚持素食，不抽烟，也不喜欢别人抽，每次见面就会跟别人说清楚。Solo 也不喝咖啡，觉得喝咖啡伤皮肤。每天下班后她都坚持去健身，平时不管有多忙，也要连滚带爬地赶在12点前上床，能不熬夜就不熬。这些一旦成了习惯以后，坚持起来就都不是问题。就算出差或旅游身处别的城市，没法去健身房，Solo也会满街走，不运动晚上就睡不着。

持久的美来自健康的生活方式

Solo 说过自己不太想去影响别人，而别人的思想观念也不太会影响她。她希望活得开心真实就好了，自信自在、不装、不抱怨。让自己保持美丽，并为此持久地努力下去。不需要太完美，但一定要舒服的状态就好了。Solo 喜欢法国演员伊莎贝勒·阿佳妮，欣赏她想干什么就干什么，很洒脱。尽管有点离经叛道和强势，但也是一个服从自我的人，始终把自己放在比较自在舒服的状态里。而且伊莎贝勒·阿佳妮是那么的漂亮，眼

「外貌、举止确实是可以反映一个人的部分性格。」

神里透露出巴黎女人那种优雅自信的状态。

在美容编辑这一行业，她看到人们真的很小心，很多事情都会让他们注意保养。那种对自己真正的担心和负责。比如，皮肤不好就不抽烟了；为了让自己漂亮一点，就不熬夜了，也不喝酒，不跟朋友出去玩到深夜。这样的人，在她的生活圈子里有太多太多。因此，自己也会非常小心。其实这不仅是为了美容，更是一种健康的生活方式。而这种健康的生活方式，大部分人还真的很欠缺。虽然大家都知道要多吃蔬菜，要经常保持运动，都会这么讲，但是真的好像没什么人去做。Solo认为说到就要努力做到，这也是一个美容编辑的职业素养。

Solo平时是穿着随便的人，但在时尚杂志社里工作，潜移默化肯定会让每个人注重装扮自己。处在同样一个环境里，大家都非常珍惜和爱护自己，就算你之前不在乎，当你进去一起工作，发现自己跟别人太不一样了，也会慢慢地在乎起来。Solo 不喜欢穿过多花边和装饰的服装，线条一定要很干净、简单利落，可稍微带一点点中性帅气的风格，但裁剪得一定要修身，感觉很利索。

现在努力做的事情是逆天命

把美丽作为事业，Solo觉得自己可能做不到。但是把追求美丽当做一份爱好，做自己喜欢的一件事情就可以了。

现在Solo在努力做的事情是逆天命！女人在30岁以后碰到的最大

问题，是体重会一点点上去，其实是从25岁开始就有这个苗头了。一般说来，一年最少增长一公斤，是一个正常的幅度。像她妈妈年轻的时候腰才一尺六，现在已经两尺二了，多吓人啊！换成Solo 可受不了。如果想打破这个常规，就真的是跟天抗争了，想违天命的话，就得更小心做更多的准备。Solo觉得自己喜欢吃甜的东西，挺讨厌的。以后要尽量少吃甜食，更多的运动，并且更努力。但又不能做得太偏，这样的话营养不全面，对皮肤也不好。同时她也在学一些中医理论，看营养学方面的书，很有用。自己会去尝试，感觉有用的知识还可以告诉读者，比一般人在网上随便浏览或者看篇文章有意义得多，而且自己有切身体会，说话也比较理直气壮。

之前她根本不能容忍脸上出现皱纹，很紧张，要跳楼。也因为年龄的缘故，现在有一点点，就尽量不让它恶化。能少一点就少，也没必要弄得一点都没有。时间到了，有一点点皱纹，也可以接受。

Solo，就是这样一个爱美、实践美、从美当中获得人生经验的人。

她对未来也没太多规划，Solo认为计划也赶不上变化，活在当下最好。30岁了，她也不太想有太多变动，对目前的状态很乐观，觉得顺其自然就好。

Solo的美容保养心得

1 想塑身，很重要的是一定要吸收低碳水化合物的食物

低糖，吃素非常管用，尤其是要低油、低盐，这样身形就不容易肿。但只是吃素，往往会营养不均衡，可以尽量改吃鱼肉，更要尽量避免煎炸的东西。最好不要吃小零食，也不要偏食，过分节食。

2 不要过分消耗自己

减肥和美容是欲速则不达的。越是想快点有效果，给你带来的伤害就越大。比如，有些人经常为了减肥半个月咬牙不吃饭，就瘦下来。一方面皮肤毁了，一方面反弹的速度会非常快。或者是说趁着年轻的时候，想怎么玩就怎么玩，什么都不怕不顾忌，什么都可以毁，等到30岁以后想再去慢慢补回来，那基本上是补不回来的。有美丽资本的话，要尽一切可能把它保持下来。不要去消耗它，这是耗不起的。

3 抽烟喝酒给身体带来的影响非常的坏，也非常明显

抽烟的女孩，你会发现她的唇间小细纹特别明显，而这种小细纹是去不掉的，任何一种美容手术都去不掉。一旦戒烟后，脸色、气色都会好很多。

4 定时做运动，最好把有氧运动和无氧运动结合起来

现在推崇的身材，是比较健康自然的，就是把力量和美结合起来，以一种比较人性化的方式展现出来。有一点点肌肉，一点点骨感。现在的纤体趋势，不再像90年代初那样，要求瘦得跟芦柴棒一样，而是有一点点向80年代回归，但也没有当时那么夸张。真正好的模特，她们都是有肌肉线条的，尤其是腹部，很明显，带有点力量感。不要以为逛逛街就可以算是做运动了。这是不行的，一定要有相对专业的运动才有效率。

5 作息一定要有规律

也不是说天天必定8点钟睡觉，这很难坚持的。最好保持每天有7个小时的睡眠，12点之前上床休息。

6 不要吃冰凉的东西和辣的东西

一般人总说四川的女孩子坚持吃辣也很漂亮，这跟环境有关，那边湿气很重，她们不得不吃辣，可以活血。而且四川是个很潮的地方，皮肤肯定相对要好很多。但有一点是需要注意的，四川女孩皮肤的质地虽然都很细腻，但是脸上斑点很多。这跟吃和晒，都很有关系。

李艾给美人娇的锦囊

有意地出错，适当地给自己减分

美人娇，往往会给人很强烈的距离感。她天生就很美，而且她又特别知道自己怎么美，所以一开始相处的时候，很多人就觉得她高高在上无法亲近。美人娇是不需要别人教她外表应该如何打扮的，因为她是时尚教主，她比谁都懂。我觉得这种女生要在适当的时候放下自己。在外表太出色、太耀眼的情况下，表现一种姿态的放松。当人家夸你好漂亮，你的头发怎么做的时候，你不妨说我原来头发其实没有那么好。每个人其实都有某一个地方的弱点，大家就会有话题继续往下说。有时碰到男生，也不需要太在乎自己的仪态，可以稍微地放松一点，也会给人亲近的感觉。多笑，多看着人家的眼睛，不是那种高高在上的状态。

时尚教主偶尔也可尝试下减法

一些比较有个性的男生会觉得，你拽什么拽？其实她也没有拽，只是她完美到无法挑剔的外形，以及对自己整个人状态的完美要求，就连走路的时候也都非常的有姿态，也许这就会让人感觉很拽。其实她的性格很好，相处久了你会特别喜欢她。她说话也很有趣，但她的外形就让人感觉很难接近。

作为男生还可能会觉得，你太在乎外形了，我可能养不起你。男生是不管你有多优秀，只要你跟我在一起，我就要觉得我有能养得起的心态。如果你过于在乎自己的外形，每天拿的包不一样，穿的衣服也都不

一样，就会给男生无形的压力，让他觉得自己养不起你。

女生跟美人娇在一起时也会觉得自己不行，而且无法分享任何的美丽心得。只要一说“我告诉你什么什么好用”，美人娇马上特别专业的话就出来了。关于女生的事情，她们都比你强，也讲得更有道理，所以会觉得在她们那里只有受教育的份，没有交流的乐趣，久而久之大半女生就会觉得在美人娇身边自己很自卑。所以像这样的美人娇，如果她性格不是很好，不够幽默不够有趣，就会很容易被孤立的。

所以，如果想跟对方拉近关系的话，美人娇偶尔也不妨出一点错。当然这个是有目的性的，就是为了和大家搞好关系的，就是为了去平易近人一下的，就是要成为好朋友的。如果碰到男生，不妨把一些品牌的东西隐藏起来。不要让人家觉得太物质，有时女生喜欢用太多东西装饰自己。你平时做足一套是100分，这次你不妨有意地只做70分，减一点东西。当然如果你是要去派对，去high的话，那就不妨100分好了。

> 我认识的一个化妆师就整了很多地方，但就眼睛不整，她就是单眼皮，她留下了一个自己的特征。

整容要整得有品位

现在整容的女性很多，这也是个社会风气问题，只要你可以坦然面对这个事情就没有问题。尤其是在韩国，大家就不会觉得整容是个问题，甚至她们喜欢在一起交流经验，讨论该怎样整才有品位。如果你真的觉得外貌上可以动一动，你可以不在乎的话那就去做，没关系。但是千万不要受到牵制，更不要搞得很俗气，而是自己要对自己有定位，有品位，因为这一整就回不去了。

我认识的一个化妆师就整了很多地方，但就眼睛不整，她就是单眼皮，她留下了一个自己的特征。这就让人觉得虽然说她比原来帅很多，但是你仍然觉得那是她，你还觉得她挺帅的，但是不俗套。我觉得这样整容是很好的。

很多人整容上瘾的原因是因为她整了一次之后，想当然会把很多好运的事情归结为整容，把一些不顺的东西归结为她还没有整够。她就会不断地整，因为她整了之后会觉得这些好事都是因为我整了这里，她就只能在整容当中不断地找寻自信，这就是种恶性循环了。

源自内心的美丽才可以长久

任何的美丽都不要太在乎当下的，要看长远的。很多时候我们开玩笑说，咱们不要看现在，咱们拼十年以后。靠一些外在的美容手

> 如果想跟对方拉近关系的话，美人娇偶尔也不妨出一点错。

法可能当时会让你觉得特别有效，但她其实可能伤及了你的内在和本身。这种时尚教主，因为她尝试的东西非常多，而且她对外表太在乎的时候，她的心态可能会焦躁，要的是立马就要有效，如果没有的话，就不愿意试，搞不好这是一种伤害。

这个社会可能是外貌型的，但是对女性的要求并没有到那么过分的地步，最重要的还是自己看起来健康向上，皮肤状态好。让人觉得你是健康的，有一种朝气和光彩，这样就非常好了。而且这样的女性外表也许没有那么出色，但是她是属于一种愈久弥香的类型，如果说她的个性够好，花很多时间在内在修为上，在说话的时候，在工作能力上可能会更有吸引力，这种提升有的时候是一件好事。女生太漂亮了，有时候会让人觉得是花瓶，未必是一件很好的事情。稍微低调一些，但当说话和做事时一下子把自己的形象提升起来，也是很好的。

玛花纤体运营总监的专家建议

美人娇的纤体分析

现代社会中，美人娇这种类型的人有很多，她们一进来你就很快会发现她们是美人娇。因为她们一般都不会肥胖很严重才来，顶多两到三公斤的体重问题就会让她们吃不消。她一进来可能就会告诉你，我没有体重问题，我要瘦手臂，要瘦掉身体的某块肉，她们会注意到很多人家没有看到的细节。她们照镜子的时间很多，她们对自己的要求很完美，她们容易过分的紧张。

玛花接待这些顾客，刚开始还可以接受她们渴望要瘦的理由。因为她们在瘦的过程中，很多人告诉她们："哎呀你现在很漂亮了，好漂亮！"她们就有一点点走火入魔，她们感觉瘦就是美。因为每个人看到她都说，每一次买衣服人家都会称赞她，她的这种欲望就会变得更加极端，她要越来越瘦。但到某一阶段觉得她们已经很瘦了，不可以更瘦的时候，玛花就会很小心。当玛花感觉到她有一点点神经质的话，玛花就会很留意这样的顾客，给她们做心理辅导，适时地调整她们的想法。

玛花纤体的理念并不觉得瘦得像排骨就是美，我们会告诉她完美的体型该是什么样子。但是我们还是会每两个星期定期做量身、脂肪测试，而玛花的营养师会在这时候给出合理的营养搭配方案。如果你嫌手臂不够漂亮，小腿不够细，这不是减肥的问题。而且手臂、小腿更加细也不是用节食可以去掉的，很多人都有这个误区。玛花纤体不是仅仅针对体重的问题，而是会针对整个纤体修身的课程。

美人娇是最难也是最容易打交道的一种人，因为这种人本身就有很强的自我推动力的人。她不需要人家告诉她你必须这么做她才可以达到，她不是后知后觉的，而是先知先觉的人，甚至是比先知更先知，比先觉更先觉的人。

比如说案例中的Solo，因为她从小积压了很多的压力，比如有人叫她“小胖子”等等，当时她没有这样的经济能力，也可能不知道许多种可以让自己变美丽的手段。当她自己接触了这个社会，了解是可以靠外力改变自己的时候，以后的改变不过是一种多年积压的爆发。

人是需要肯定和赞赏的，因为她之前一路过来郁闷了一段时间，当她自己改变了自己的时候，可能得到了赞赏和肯定，她就觉得获得的那种幸福感是特别不一样的。就像喝咖啡，本来你一开始是喝美式咖啡，慢慢你会品尝浓缩咖啡，可能从一杯到欲罢不能。抽烟、喝酒都是这样的。这种人你不需要告诉她必须要改变自己，她已经做了一大堆的功课和实践，你只需要告诉她什么时候可以适可而止。

玛花的每一个顾问都有自己的房间，与顾客全是采用一对一的坐谈。减肥的人是想改变自己，每个人减肥的原因和目的都不同，有些人可能是被打击才进来的，有些人过来也可能是出于心理需求而不是身体真的需要减肥。玛花不仅是个改善身型的地方，也是一个充电的地方。我们需要时间来了解和沟通，我们会让她们发现阶段的不同。

玛花的减肥方法绝不是一刀下去明天就可以看到效果的，玛花的效果是阶梯式的。也许会间歇停顿一下，但是玛花的课程是没有极限而且健康的，可以一直呵护着你。

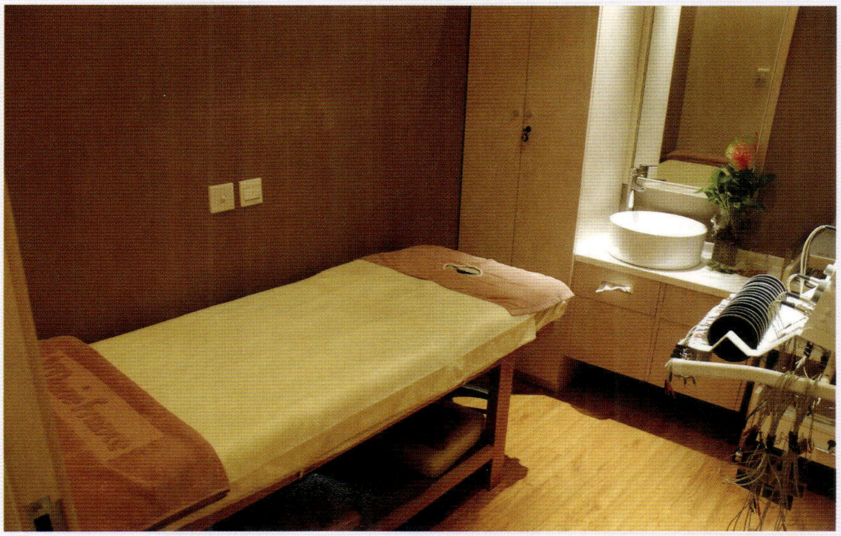

美人娇之玛花纤体Q&A

Q 我身体其他部位都很瘦，就是“蝴蝶袖”真的很难看，要怎么瘦手臂？

A 蝴蝶袖有不同的成因，针对不同类型我们有不同的应对方法，可以在短时间内有效改观。

■ 水肿型蝴蝶袖

如果你三小时后必须穿上那件极具挑战的低胸晚礼服，去出席一个重要Party，不妨通过按摩来使蝴蝶袖得到迅速改观。手臂松弛往往是胶原纤维受到了影响，所以我们需要先帮助它引流，提升流速然后再收紧。对于水肿性肥胖的手臂，ARBT局部纤体的按摩课程更是收效明显，做一次，你就能看到神奇的效果。

■ 脂肪型蝴蝶袖

对于松垮的脂肪型手臂，你可以选择一些专门针对局部肥胖的仪器类纤体项目，如LRC焦点式纤体课程，它能有效为手臂赘肉减脂。此外，对于脂肪型胖手臂来说，运动塑型也是必不可少的。纤体课程配合上适量的锻炼，能让手臂变得更加结实紧致。

三种运动瘦臂法

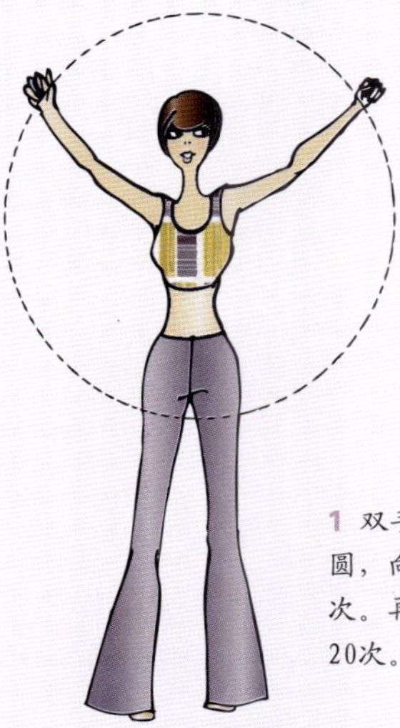

1 双手伸直画圆，向外画圆20次。再向内画圆20次。

2 将右手臂伸高，往身后左肩胛骨弯曲，以左手压着右臂关节处，并触碰左肩胛骨，尔后伸高，左右换边，每天20次。

3 手握哑铃或装满水（或砂）的矿泉水瓶，缓缓向前平举，而后向上伸直，并尽量向后延伸手臂，然后再缓缓往前放下。每天50次。做这个动作时谨记要贴紧你的耳朵。

家事万能的
范美丽

范美丽最主要的性格特征，关键词是“付出”和“关怀”。

对于其他人，她们愿意无私奉献，并认为把家庭照顾好，是自己最终价值的体现。对她们而言，所有的关注焦点，都放在家庭和家人身上，她们是丈夫的贤内助，是孩子的好母亲，也是公婆眼中的好媳妇，更是家庭的坚强基石。

张怡筠博士人物点评

做一个聪明的范美丽，爱自己的目的是为了更好的爱家人

1 性格特征

范美丽最主要的性格特征，关键词是“付出”和“关怀”。

对于其他人，她们愿意无私奉献，并认为把家庭照顾好，是自己最终价值的体现。对她们而言，所有的关注焦点，都放在家庭和家人身上，她们是丈夫的贤内助，是孩子的好母亲，也是公婆眼中的好媳妇，更是家庭的坚强基石。

优秀的范美丽是家庭的稳定因子。我做孩子的情商培训，发觉只有认真负责的高情商父母，才能培养出快乐成功的高情商孩子。而家庭中这些优秀的范美丽，往往是优良的孩子情商和人格教育养成的主要功臣。她们愿意全心全意教导孩子，会不断从各式各样的书籍中学习怎么教孩子，对孩子的教育不遗余力，因此范美丽对孩子有很重要的影响。

很多的范美丽离开职场，并不是她们没有工作能力，而是自愿放弃，选择回归家庭。这个选择是出于对价值观的重新排序，因为她们认为，自己在职场成功，能造就一个人的幸福；而打造一个幸福的家庭，则会造就一家人的幸福。

外国的学者很早就量化范美丽对家庭付出的劳动价值。一个范美丽（全职太太）的薪资，其实不低，其中包括许多专业能力，例如：专业的清洁人员，优秀的孩子保姆，以及善解人意之心理咨询师（为老公排

忧解压……），博学的营养师，高超的厨师……这么多能力集聚范美丽身上，可见做个优秀的范美丽，用个职场的时髦名词来说，就是个难能可贵的“多技能员工”，呵呵。

2 可能存在的心理挑战

缺乏社会认同感和自我成长

家庭就是范美丽的城堡，许多范美丽一进家门，就非常自在，尤其在厨房，自己就好似女王，指挥若定，凡事都能轻松驾驭。

然而时间久了，有时难免会发现，出了自己的城堡，有些令人不知所措。除了家庭和孩子，她们找不出能胜任的话题，和别人自在交流。一位范美丽每当要陪丈夫出去社交，就是她的痛苦时刻，衣橱里除了家居服，找不到像样的衣服穿，而她说：“即使买了新衣服，也穿不出自己想要的状态……”

于是，范美丽有时不免会疑惑：我的价值似乎只能体现在家庭之中，出了我的城堡，别人是否就无法理解我的价值？

想爱自己，却没行动力

范美丽的潜意识中，容易出现“爱自己”负疚感：一天只有24小时，如果花时间照顾自己，做自己喜欢做的事，例如：自我学习、购物打扮……会让她担心，自己没能全力以赴照顾家庭，也就不是称职的范美丽。

我来分享一个故事：微波炉当年刚在美国推出的时候，厂商在广告片中对范美丽们说：“你看，这个新产品太棒了！原先你做晚饭要花一两小时，现在花几分钟就可以帮你搞定一切！”厂商认为，所有的范美

「她们希望自己能够对家庭无私奉献，并引以为傲。若她花时间照顾自己，就会剥夺照顾家人的时间。」

丽看了都会对神奇的新产品热烈欢迎，结果却惊讶地发现，范美丽们无动于衷，微波炉销量迟迟没有起色。

为什么范美丽们都不买呢？其实是因为内心的负疚感在作祟。范美丽的想法是：“本来要花一两小时做晚饭，现在二十分钟就可以用微波炉做好，如果我真这么做，就代表我是个想偷懒的家庭主妇……”厂商在发现答案后，于是改口：“这个新产品，让你几分钟就可以做好可口晚餐，你就能节省更多时间去照顾家人！”此话一出，范美丽们个个觉得深得我心，于是，微波炉开始大卖了。

所以范美丽的心理状态是，她们希望自己能够对家庭无私奉献，并引以为傲。若她花时间照顾自己，就会剥夺照顾家人的时间。爱自己，做与不做？这是她们心里的纠结处。

3 心理成长建议

最佳策略是效率最大化地关怀家人

一天24小时都操心家人及家事，若有时让范美丽觉得心力交瘁，此时该提醒自己，该改变策略，使用效率最大化的聪明做法了。

有些教育专家一直提倡，家庭主妇做妈妈的时间，一天也不该超过8个小时。这是为什么呢？因为做24小时的母亲，时时陪伴着孩子，自己难免会感到筋疲力尽，出现心情低潮，在这个时候和孩子相处，容易出现不耐烦，甚至一不留神就对孩子大吼大叫，这对亲子互动的质量反而有弊无利。一个疲倦的母亲，无法耐心地听孩子说话，更没精力教导孩子该学会的道理。更糟的是，情绪低迷或乱发脾气，只会给孩子错误的情商示范。想想，这可不是范美丽原先的初衷，对吧？

所以当范美丽觉得自己需要喘息，不妨给自己做母亲及妻子的角色安排“上下班”时间，每天花固定的时间，用最精神饱满、快乐耐心的自己，和孩子及老公互动。

调整观念，爱自己的目的是为了更爱家人

对于有着爱自己负疚感的范美丽，则该快快调整观念，只有先爱自己，才能更好地爱家人。如果不懂得照顾自己，不懂得让自己喘息，范美丽就很难有丰沛的心理能量，去和家人快乐相处。

我认识一位女士，原来在职场有很好的表现，生了小孩之后，决定一心一意照顾家庭，所以在家成了范美丽。刚开始她凡事亲历亲为，全身心照顾孩子，结果发现自己精神状态越来越累，对孩子的脾气越来越

差。在孩子两岁半的时候，她决定做出改变，来报了我的情商讲师的培训课。要离开家庭，上9个整天的课，刚开始她心里有许多挣扎，放下家中一切，寻求个人成长，到底是否正确？结果她发现，在课程中她更了解自己，也更知道该怎么样和孩子正确互动，帮宝宝的人格及情商教育打下优良基础。

她在结业时说，她觉得自己这个决定十分正确，自己成长了，她发现她更有能力照顾成长中的家人。同时，她还把课程教材拿给先生看，先生觉得很有收获，并和她一起讨论，她说这是她婚后，第一次和先生在同一个平台上深入交流，也让夫妻关系更为亲密。

即使不离开家，范美丽也还是可以找到机会，不断丰富自己自我成长。看电视时多选择有益身心成长的优质谈话节目，而不再把时间都浪费在电视剧上。著名的美国脱口秀谈话主持人欧普拉（Oprah Winfrey）就是用她的每天下午的谈话节目，帮助美国无数的家庭主妇成长心理，并取得她在美国电视圈一姐的地位（世界各国都有主持人说，她是当地的欧普拉，呵呵！）只要用心，你会发现电视上有很多节目，能够让范美丽即使不出门，也能自我成长，并开拓眼界。

自我成长会让范美丽觉得自我价值有所增长，也才能更自信地去照顾家庭。

胖星儿："幸福是一种能力，是你本身的一种天赋。"

胖星儿，是聪明的范美丽的典型。她本名王小星，而现在更广为人知的则是她的网名"胖星儿"。她身上有着不少让人羡慕的光环：出过7本书，博客"相对美女私房菜"点击率超过8位数，有一个比她大6岁非常优秀也非常爱他的老公，她还是一位可爱孩子的母亲。让我们来看看，胖星儿是如何做到的呢？

范美丽非常案例

胖星儿的幸福私房菜

随遇而安的小女人为爱情改变

人生不可想象，胖星儿多年前也曾是个觉得生活就是随遇而安的小女人。如果不是现在的先生小钻，她也想象不到自己会写出那些蘸着爱的菜谱。

大学毕业时，胖星儿在北京海关工作了近一年，适逢《生活时报》面向社会大批招聘。因为喜欢记者工作，于是满怀信心跑去报名，结果如愿考上了。在《生活时报》工作一年后，胖星儿再次成功地跳槽到了《北京晨报》，并从事起自己喜欢的法制新闻报道。

胖星儿本身家庭条件不错，在经济上没有什么后顾之忧。在报社是属于那种能力足够，但对工作不很努力、比较懒散的人。她觉得生活就是随遇而安，快乐着就好。然而她的这种态度，却因为对小钻爱情而改变。

小钻也是在北京土生土长的，留学英国后回北京工作。他们本来属于两个完全不可能搭调的领域和世界，一个无心的电话却促使他们相遇了。

2000年的秋天，小钻因工作需要请教些媒体方面的问题，找到一位世交的阿姨。那阿姨正好认识王爸爸，听他说起过二女儿（胖星儿）在报社工作，就跟小钻说，“我给你找个人，也许她能帮到你。”胖星儿当时正在新疆采访，因为手机信号差，因此大半是关机状态。那天，她刚把手机打开了，第一个电话就是小钻打进的。小钻先在电话里介绍了自己，听说当时胖星儿正在新疆采访，小钻当即说：“哇，新疆特别好，我以前当学生的时候去过那里。”两个人就顺着新疆的话题聊了起来，一聊就聊了十几分钟，彼此都觉得投缘。

可以说两人第一次通电话都占了便宜，在声音上给对方留下非常好的印象。两个人虽都不属于帅哥美女型，但恰巧两个人的声音都好听。小钻的声音是属于特别男人特别干净的那种，而胖星儿的声音听起来也非常柔美，小钻的第一印象就是拥有这样柔美声音女孩应该是非常温柔的女子。

很多年后胖星儿问起小钻，如果那天我的电话不在服务区，你会继续打吗？小钻说不会打的，因为他接着就要去香港工作，有一堆准备工作要做。

这一通电话之后，胖星儿继续她在新疆、陕西、甘肃等地的采访，间隔三四天，小钻会电话给她随意聊聊天。一个月后，胖星儿才结束采访回到北京，而那时候小钻已经离开北京工作。胖星儿这一次，主动给小钻打了电话。小钻说那个电话特别关键，让他一下子感到很温暖。如果没有那个电话，估计以后他也不会再主动联系胖星儿了。小钻在香港工作期间，刚开始他们隔几天就打一个电话，两人越聊越觉得彼此在生活的兴这一生最执著的两件事，一是坚持写美食博客，一是追小钻。而正是对这两件事的执著，造就了她的幸福生活。

趣、价值观和爱好上，都极为相似。到后来更是天天通话，一聊就是两三个小时，甚至是整个晚上。

刚开始交往的几年里，小钻一直在香港工作，各方面都不是很稳定。两个人也就没考虑结婚的事情。2005年开始，小钻的工作开始逐步转移到北京。这时，胖星儿曾探询地问过小钻：“咱们什么时候结婚啊？”小钻总说，觉得自己还没准备好，得再过一段时间。

男友小钻一直对胖星儿随遇而安的生活状态有些质疑，小钻觉得人就应该努力去让自己活得更好，人生是有限的，应该多尝试一些事情，人生才会变得精彩和丰满。小钻是比较传统的男人，觉得结婚之后就一定要生孩子，老婆也要懂得如何教育孩子。而胖星儿对生活的懈怠、懒散的态度，肯定会影响和传递到孩子日后的教育成长中。小钻当时没明确地跟胖星儿提出这个问题，而胖星儿也丝毫未察觉出小钻心中的顾虑。

努力执著赢来幸福生活

胖星儿感慨人生时说，她觉得这一生最执著的两件事，一是坚持写美食博客，一是追小钻。而正是对这两件事的执著，造就了她的幸福生活。

胖星儿随遇而安的状态又持续了两年，直到她的部门主任，不断地

> 一对夫妻一直坚持走下去，非常关键的一点是利益关系。这种利益关系，并不完全指经济利益的关系，而是现实生活中另一种利益关系，它牵扯到家庭的稳定性，和夫妻双方各自在社会上的稳定。

找她谈话，尽力劝她努力认真地对待工作和生活。胖星儿某天一下子醍醐灌顶明白过来，之前那种懒惰的生活，对自己和所爱的人都是一个最大的伤害。

从那以后，胖星儿开始努力工作，认真生活，用心地对待身边的每一件事。很快，她的努力就看到回报，她从记者一直升到首席记者直到部门主任。那时她和小钻的感情进入一个稳定的阶段，两人住在一起。每天工作再忙，她也坚持回家为小钻准备晚餐。

当时博客很流行，胖星儿也开始写博客简单地记录生活心得。后来胖星儿看到了“梅子的写食日记”，觉得这个方法不错，就在做饭的时候，顺便拍了照片，上传到博客上。忙完工作和家务，小钻入睡了以后，她还坚持抽时间来更新博客，记录下新学的菜式，附上自己对生活的点滴感言。

刚开始，胖星儿只是写给朋友们看，让他们分享自己做的菜，也算是一种小得意。直到有一次她做了一个土豆菜，在博文里写道，男人像面条，女人像土豆。有朋友看到了，就在MSN上和她开玩笑说，“以后你的博客就这样写吧，谁都会做菜，但每个人做的菜味道都不一样，这个就是你的味道。你这样写，肯定会很好看的。”

正好新浪有个博客大赛，胖星儿抱着一种好玩的心理点击报名参加了比赛。因为比赛对博客更新速度的要求，就形成了更新速度和固定的风格。一时间，胖星儿的博客“相对美女私房菜”引来了众多网友的关注，获得了博客大赛情感类的一等奖！而这直接鼓励了胖星儿，让她有信心将“相对美女私房菜”这个博客从2005年底一直写到现在。其间，还根据博客内容出了几本书，第一本书就是《谈情说菜》。

在胖星儿写博客快一年的时候，这些工作和生活上一点点的改变和进步，让小钻看到了胖星儿认真和坚持的一面，有了勇气和她结婚，组建一个美满的家庭。

幸福需要悉心经营

胖星儿婚后最大的感受就是婚姻对女人的幸福非常重要，对女人最大的作用就是改善心态，可以让她们拥有退一步海阔天空的底气，会拥有更豁达的态度去看待生活。

在《北京晨报》工作了近十年，胖星儿面临着续签，而这次要签长约。这时，胖星儿的美食博客已经非常出名，有不少出版商找她谈出书。胖星儿希望自己可以一边专心做小钻的全职太太，同时继续写美食博客，一年出一两本自己喜欢的书，这种生活方式应该更适合自己。胖星儿从此就做了全职家庭主妇，一位典型的范美丽。

很多人从恋爱到婚姻都会有一个磨合期，但胖星儿和小钻婚后基本上没发生过什么大矛盾，这一切跟他们两个人的性格有关。他们俩都很能包容对方，也因为胖星儿本身就有很强的自我约束力。在胖星儿看来，幸福不会从天而降，它需要两个人悉心经营，一分耕耘一分收获。

让他明白选择你是利益最大化

胖星儿觉得，一对夫妻一直坚持走下去，非常关键的一点是利益关在结婚之前，胖星儿就给自己定下了规矩：结婚后要一如既往地约束自己。

系。这种利益关系，并不完全指经济利益的关系，而是现实生活中另一种利益关系，它牵扯到家庭的稳定性，和夫妻双方各自在社会上的稳定。要让他觉得，选择你是利益最大化。女人留给他的空间和对于他的种种照顾，他自己会明白的。

在结婚之前，胖星儿就给自己定下了规矩：结婚后要一如既往地约束自己。永远柔声细语地讲话，绝不以冷嘲热讽的态度抱怨一切；努力学习并接受一切最先进好玩的事物与信息，绝不能沉湎于家长里短的八卦中；浪费时间的事情不做，比如日常的应酬之类。真正的朋友，只要你有什么事情，打个电话都会全力以赴地帮你。可以不需要在这上面耗费时间，朋友很忙也能理解，这样就节约很多时间与家人相处。在外面吃饭，肯定是和家人在一起。

走进婚姻生活后，胖星儿的衣着也发生了改变。在婚姻生活过程中，找到自己喜欢和适合的风格。胖星儿不是那种化妆要化几个小时才可以出门的人，但仍是一直很在意自己的形象。甚至怀孕的时候，只要出门都会化妆，她不希望在别人看来自己怀孕了，有那种不好的状态。

虽然两个人彼此工作的领域没有交集，但胖星儿会时不时去关注小钻工作领域上的新闻和一些知识，让自己在和他聊天的时候，不至于没有想法。两人也经常会沟通，她想做什么也会去问问他的意见。胖星儿的博客和书，小钻也都看，觉得特别好，跟别的菜谱都不一样。

幸福是一种能力

在胖星儿看来，职场生活和家庭生活区别在于：家庭生活更注重于自己的调整和修行，而职场生活更重要的是你跟别人的交往、沟通，如何去平衡各种各样的关系。回到家后是自己做内部调整，大部分时候是自己跟自己玩，自己让自己快乐起来。一些人生活得不开心，不是因为不知道自己想要什么，而是不知道以自己的能力能得到什么，期望值太高了。因此，首先要认清自己是什么样的人，然后再以自己的能力所能得到的最好东西为目标，一旦得到就要好好把握，绝不能错过。幸福是一种能力，真的是人本身的一种天赋。

胖星儿认为一个人的经历，会让他显得更有魅力。所以人生很重要的意义和价值就是让自己多一些生活方式，而不是每天过着一成不变的生活。多一些经历，和人交往时，起码让你多一些谈资。胖星儿最近打算去法国学烘焙，她觉得可以知道我们吃的牛角面包到底应该有几层才最好吃是件有意思的事情。这些小知识往往会让别人刮目相看，觉得你是个很有

> 婚姻里最大的幸福是有小得意的时候，有人和你分享。你的任何得意都可以跟你的爱人讲，而且他会真心地祝福和赞美你。

生活品位的人。

此外，热情和认真是女人获得幸福最重要的两种本领和美德。你不能对任何事情都没有热情，肯定要给自己找一个感兴趣的地方，而且必须要有统一的规划。主妇必须拥有自己的生活，必须有自己感兴趣的东西。比如瑜伽、旅游，当然也可以是做饭，但是也要把它当成一种乐趣。碰巧，胖星儿的乐趣和家务是结合在一起的。

作为一个家庭主妇，日常生活里很重要的一部分就是和家里人共同进餐。在胖星儿看来，做菜一定得要有人和你分享，从享用的人身上找到满足感才是做菜的最终意义。一般早上六点半左右，胖星儿就跟着小孩起来了，给大家做饭。小钻的习惯是中午不吃饭，他总觉得吃完饭，下午就特别容易困，影响工作能力。所以他们家早上就是吃米饭、炒菜，很正式。有时候在微博上发早餐照片，网友就会很诧异，这是你们家的早餐吗?

晚上，胖星儿也是等小钻下班后一起吃饭。从小父母给她灌输的观念就是，晚餐是件非常重要的事情，必须全家人坐齐了之后才能吃，而且很多话题要在晚餐上聊的。在胖星儿的观念中，晚餐不在于吃什么东西，而是一种家庭仪式。有时候小钻晚上开会或应酬，也会在六七点的时候赶回来和妻儿吃完饭，再出去。

对父母的回报以遗传的方式给了孩子

结婚没多久，胖星儿就怀孕了，可惜偶然的原因导致这次怀孕失败了。过了一年左右，胖星儿第二次怀孕。因为上次的失败，搞得胖星儿非常紧张。所以这次怀孕，小钻坚持每次都陪胖星儿去医院检查。孩子终于顺利地出生了，他们给孩子取了个名字叫“克拉”。

在带克拉的这段时间里，胖星儿最大的感受是对自己应该给父母的爱以及回报，通过遗传的方式给了孩子，会真的感觉有些心安理得。在自己生产前，胖星儿看到她的一个女友给小孩换尿布，对她老公说，“以后等咱们两个生活不能自理的时候，你说他会给咱们两个擦屁股吗？”她老公说：“不会的，但他会给他的孩子擦pp。”胖星儿听了之后特别感慨，突然间就意识到，这种爱就是以一种传承的方式去回报和延续下去的。父母给自己的，无论如何你也无法回报给父母，而是把它们遗传给自己的孩子，然而孩子也不会回报给你，他会再去延续给他的孩子。人们是以这种方式来回报自己父母的，这也是人类为什么繁衍后代的原因。还有就是觉得跟父母的那些关系，因果关系，都会反映在孩子的身上。你小时候对于父母所作的事情，任性不听话什么的，孩子长大后也会这样对待你，这也是应得的。这让她觉得自己生命的一部分就这样的延续下去，有一种非常幸福的感觉。

通过这个小孩，胖星儿发现自己的生活又彻底地发生了改变。一开始觉得有了小孩，大不了就跟个钱包似的，出门就随时随地带着。当时没意识到，小孩是多么麻烦，生活会发生彻底的改变，生活节奏完全被打乱了。比如，很多时间要围绕着孩子去安排，不能像原来设想的那样，想出门就出门，要做什么事情，都得考虑考虑。尤其是在最开始喂养孩子时，孩子会两三个小时就吃一次，搞得白天人就晕头晕脑的。并且小孩会非常黏人，你一放下他，他就开始哭，每天就跟长在身上似的。

小钻做了爸爸后还是很忙，但会尽量在孩子睡觉前回家。他以前周末会开会，现在尽量不会把工作安排在周末，而是和小孩一起玩。从早上起来，一起吃饭，然后带他出去转转，看看爷爷、奶奶、姥姥、姥爷等。

时刻让他明白，他和孩子一样重要

有了小孩之后，如果没有刻意去调整的话，大半主妇都会不由自主地把所有的精力放在孩子身上，一切都以孩子为第一位。胖星儿一直在努力让小钻感觉家里的主角是他和孩子两人，而不单纯是孩子。当胖星儿还在坐月子时，每晚都得爬起来好几次喂小孩，早上往往正喂到一半，小钻就起床洗漱，打算出门去公司了。胖星儿就用背带抱着小孩，一边奶孩子一边在厨房里指挥月嫂给小钻准备早餐。

月嫂说一般女人坐月子期间肯定不会这样起来做菜，也就让爱人去买个三明治什么的吃吃就算了，绝对不会像这样的，但胖星儿总是要考虑到小钻的生活习惯，想着他一天也就吃这么一顿重要的早餐，当然不能在这顿早餐上给他打折扣，不能因为要照料孩子而让小钻饿着出门，要时刻让他明白，他和孩子都是家里最最重要的。

因为做菜是件自己真心喜欢的事情，所以怀孕期间胖星儿也没有间断过她的写食日志，只是更多去注意营养的均衡。

自从有了孩子，胖星儿开始关注并尝试做些小孩子会喜欢的美食。在做的时候，也会尽量多做些孩子和大人都能吃的菜，慢慢培养孩子跟爸爸妈妈吃一样的东西。但胖星儿会在做的时候刻意煮得烂一些，味道淡一些，这样子大家就都能接受。胖星儿也会去研发新的菜谱，想到就拿笔写下来。比如做鸡蛋羹，就有各种各样的方法，都有各自的公式和原则。以前因为小孩每次吃得很少，一次的量可以多做一些，分成份冷冻起来。每次用不同的方式做给他吃，这次是煎着吃，下次可以加番茄炖着吃，再下次又可以给他做个面包夹汉堡，里面夹奶酪给他吃。

胖星儿还在新浪上给儿子克拉开了个博客，把自己想出来的婴儿食谱也发了上去，如今有很多人每天上网就是想看看克拉平常吃的是什么，并且学习做给自己的孩子吃，博客的点击率也日渐增多。

每天，胖星儿都会带儿子一起去散步，一起在公园里奔跑。一来这有助于产后的瘦身、修体，同时也满足儿子的健身需求。

婚姻中最大的幸福来自有人分享

经历了这些点点滴滴，胖星儿的人生如她所预期的那样幸福而知足。胖星儿经常说婚姻里最大的幸福是有小得意的时候，有人和你分享。你的任何得意都可以跟你的爱人讲，而且他会真心地祝福和赞美你。而换了闺蜜，也许就不一样。

每天，胖星儿都会带儿子一起去散步，一起在公园里奔跑。一来这有助于产后的瘦身、修体，同时也满足儿子的健身需求。等小孩大点的时候，她想带他多去一些不同的地方，国内国外，让他感受不同的生活状态。孩子上幼儿园以后，胖星儿还想开个甜品店，出售各种各样的法式小甜点，而且有一个空间可以坐下来边喝咖啡边吃甜点。让自己的生活幸福一些，快乐一些，多尝试一些东西，多见识一些东西，多一些人生的体验和经历，是胖星儿对自己今后人生的规划。而生命中最重要的部分仍是自己的家人，先生、孩子、父母、公公婆婆等。

等这阵子忙碌过后，她决定制定一个减肥和塑身计划，时刻保持着自己最良好的状态，是她一贯对自己的要求。她在自己的博客中写道：

婚后的日子在有了娃之后终于慵懒到了一定的境界，而且心安理得，早已经忘记想当年。

终归不可避免地会在婚后放松了对自己的要求——其实是放松了对生活的要求，于是生活也越发舒服起来了呢~

这也才是婚姻本该如此的状态吧：两个人在一起，能够以最舒服的方式过着日子，而且彼此毫不介意，也就有了更乐意安于这样生活的坚定理由，就好像蜷缩在沙发里的一只懒猫那样舒服又享受——当然，也不能就这样一贯懒散地度日，懒猫也会偶尔地要伸个懒腰舒展一下，慵懒的姿势才能更加舒服，也更惹人欢喜。

所以随性的日子里偶尔地也要振奋一下~~和亲爱的人一起拜访朋友的时候要华贵地偶尔惊艳四座；纪念日的时候要出其不意地偶尔肉麻地让彼此啼笑皆非；每天烹饪可口的家常小菜中也要偶尔地端出一盘子亲手烘焙的饼干让儿子惊叫：还有什么是老妈所不能的呢!

如今的胖星儿觉得自己处在一个非常好的状态。她是一个很知足的人，她觉得有句话道出她的心声：“幸福，就是有人爱，有事做，有所期待。”

胖星儿的
幸福小秘笈

1 夫妻之间的隐私还是要保留的，需要给对方留有空间

他有些事情不想说，就不应该多问，他想说的时候自然会主动告诉你。包括自己的一些事情，也应该有所保留，和他在一起尽可以随意一些。

2 和先生在一起的时候，千万不要跟别人骂街争执

发生这样的事情，先生当然也会帮你。但不管男人女人想象中的妻子都应该是彬彬有礼的，你如果以粗鲁的方式去和人吵架，肯定会给他留下阴影的。他会反思你对别人这么厉害这么凶，将来会不会也这样子对我呢。

3 在形象上，一定得保持永远不能当黄脸婆，永远要以自己最好的一面去呈现给爱人

即便在家里，也不要摘掉你的隐形眼镜。没有洗漱的话就不要和枕边人亲密接触，如果自己生病了，也尽量不要让先生看到自己生病的状态，你可以让他看到自己穿着睡衣，头发散乱的样子，但决不能穿着泛着味道的衣服，面色蜡黄的样子出现。虽然家庭生活中不一定要时刻都着正装，但一定得干净整洁。

4 女人生孩子时，千万别让先生进产房

因为有的男人是真的接受不了。如果他接受不了，就应该给他留有空间。

5 单身女人外出时，一定要化妆，有最好的状态，随时保持一种艳遇的可能性

结婚后化妆就纯粹为了自己，让自己更有信心。在和别人交往中，也会让别人对你有信心。如果一个女人已经对穿着打扮毫不在意，邋里邋遢的，别人也会对她没有信心和认同的。

6 一个女人的阅读和人生经历对她的内在很重要

让自己多去学一些事情，认识更多有意思的朋友，多多交流，听听他们的一些想法，都会有助于让你变成一个有想法有认识的人。

李艾给范美丽的锦囊

把握分寸，在该美的时候展现风采

范美丽，家庭主妇型的女人往往都是因为把一生都贡献给了老公和孩子而忽略了自己，这种女人对外形和身体各个方面很容易失衡。

首先要学会重视自己

要重视自己的外表，不要觉得这是一件无所谓的事。范美丽其实有很多时间。我认识的韩国家庭主妇们，因为当孩子去上学了，老公去上班了，她们都会在星期一到星期五抽出一两天去美容院美容。而且这种女生应该要注重的是内外兼修的调养。自己在家的时候，给自己煲点燕窝，那需要多长时间？可以在给老公炖汤的炉子旁边给自己炖上燕窝，如果燕窝太贵，炖上银耳也是好的。

家庭主妇把自己皮肤保养好很重要。先生下班回家以后拥抱过来，接触到光滑的肌肤，这种感觉是最真实最甜蜜的，比你化精致的妆，穿漂亮的衣服都好。累的时候要学会撒撒娇，邀邀功，但不是那种特别苦的样子，千万不要露出病秧秧、垂头丧气的状态。要让先生觉得这是一个健康的、圆润的好太太。家居服稍微讲究一点，比如说有一件比较妖娆性感一点的，这可以根据先生的喜好来定。

大多数的男人辛苦一天回到家里也不希望看到一个花枝招展的太太，让他感觉又回去上班了，要应酬的感觉。先生也希望回家之后两脚一伸，翘得高高的，也不太注意形象，突然间转头看到一个女人化完

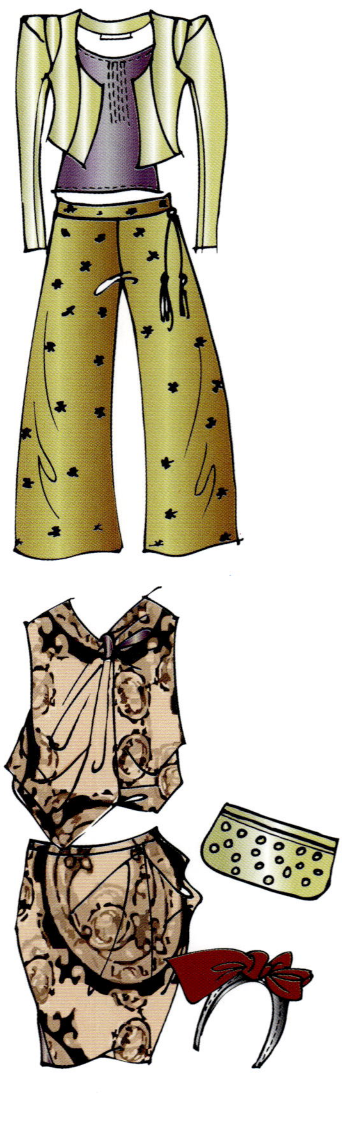

妆，穿得很漂亮特别端庄坐在旁边，也会有一种很拘束的感觉。最近比较流行的美剧《绝望的主妇》，里面有一个非常完美的主妇，但她的先生却很受不了。就是当你的另外一半太过完美的时候，作为男人他心理压力很重。人就是这样的，如果说你要想融入集体，你想跟别人交往，就不要把自己搞得太完美，否则你自己累对方也很累。人都是有缺点的，你过于完美，让身边的人自惭形秽有什么意思呢？有些日本女性，从来不让老公看到自己不化妆的样子，我觉得那也过了。所以真正聪明的范美丽，得自然，得放松。

偶尔也要让先生看到美丽出众的另一面

如果和先生一起出去的话，那就需要一点技巧了，出席什么样参加晚宴衣服既要得体又不可招摇，不能太过，不能太露。范美丽们不妨去做一两套衣服，应付一些正式隆重的场合，这些衣服不一定要先给先生看到。

的场合就得准备什么样的打扮。如果是朋友之间聚会的时候，大可不必穿得那么正式，但是要有心思，就是在朋友的太太当中，你要是耀眼的那个，而不是特别平凡的那个。而且出去社交，自然大方一些，让先生看到觉得：我太太其实非常受欢迎，回去之后要好好地对她，别让她跑了。

参加晚宴衣服既要得体又不可招摇，不能太过，不能太露。范美丽们不妨去做一两套衣服，应付一些正式隆重的场合，这些衣服不一定要先给先生看到。比如，像公司年会，你就可以盛装出席，但是不要太过分。有一些家庭主妇虽然知道在某种场合要隆重出席，但是她隆重过头了，比老板的太太还要隆重。首先，你不能穿得比晚会女主人还艳丽，搞不好就会让你先生难堪。其次才是让自己充满魅力。有许多全职太太，太长时间离开这种公共场合，会把自己搞得很夸张，跟火公鸡一样，这是很恐怖也是很丢人的事情。所以，范美丽要记住的首要任务是要帮助先生加分，而不能本末倒置。第二个任务才是让自己看起来很有吸引力。这是不同级别的事情，所以范美丽要搞清楚，今天参加的场合，先生是什么位置，需要帮助先生干什么，该是得体的出席，并要给人家的感觉是非常恩爱，非常和睦的夫妻形象。

其实你只要抓住一个重点就好，如果你的衣服很亮丽，头发就尽量越自然越好。如果那天的服装是比较中规中矩的，化妆就可以稍微艳丽一些。我一直觉得，但凡头发搞得太隆重的，都会让人显得老气。现在流行随意一点的发型，所以不用去发廊搞太多的卷在头上，稍微有一

点的波浪，有一点发型的装饰就好。而且全身上下只留有一个重点，就是你的最优势的地方。

姐妹淘约会也得精心修饰

就算是全职主妇，偶尔也会出去跟姐妹淘吃顿饭。此时，回来的时候，要让老公看到你跟姐妹们外出活动另有魅力的一面。你和姐妹们出去吃饭，或者是同学聚会，要精心地收拾一下。说白了，就是让先生看到你各种场合有不一样的魅力，但是又不是让他觉得很突兀或做作。这一方面是表示范美丽仍有自己的社交场合和朋友圈子，先生去接她的时候就会发现她仍然是当初结婚之前很有魅力的女人，这点很重要的。从某种程度上来说，这也是给先生的一点小惊喜。实际上作为家庭主妇你要时刻地提醒自己，除了在家里可以放松以外，其他任何场合中，你都要把自己认真地打扮起来，在你美的时候得美。

玛花纤体运营总监的专家建议

范美丽的纤体分析

胖星儿是一个与众不同的范美丽。从她坚持写博客，坐月子时也坚持给老公做早餐，我们可以看到胖星儿是一个有很强纪律性的人。根据我们的经验，纪律不够是很多人发胖的原因。

那么像胖星儿这样很有纪律性的人，如果发胖可能会是什么原因呢？

通常我们会建议检查一下荷尔蒙，因为纪律性强的人往往会对自己要求比较苛刻，这样就有可能导致情绪紧张，影响荷尔蒙的分泌，引起淋巴排毒不畅通。我们通常会看到，这类型人如果发胖，问题会出在大腿两侧肌肉的松弛，以及手臂肌肉的松弛，也就是通常我们说的“蝴蝶袖”。这些都是淋巴排泄的地方，即使没有多余的脂肪，也可能会有多余水分累积，所以就会比较松。

我们会先帮她调整情绪，使她情绪放松。然后帮她找到发胖是因为水分的原因还是脂肪的原因，再针对性地从饮食、运动多方面进行调理，并配合相关的课程。如果范美丽能够接受我们的这个理念，并且有要改变自身的期望，那么她的瘦身就会更容易也更成功。

我们也有另外一些范美丽，她们基本上是完全家庭化的人。对自己的现状和外形都处在一个麻木或无意识状态中，往往要敲很多下才有可能让她突然惊醒过来。大半时候，她总是被残酷的一句话打醒，才会领悟。她才有可能会意识到自身需要改变。这类型的女士，体形大半都是偏胖的，而且总有种与社会脱节的感觉。这些顾客来到玛花的时候其实是蛮在意的，但她可能不会直接告诉你，之后我们了解到她可能有一些创伤。比如，老公有外遇让她发现了。这个时候她开始责怪自己，知道自己的缺点，提示自己要注意身边人的暗示。其实她们并不是身边没有可以依赖的亲人、好朋友，或者是对她们好的人，而是她们总是觉得老了是正常、自然的，当别人提醒她们打扮一下，“你看你的细纹都出来了，你买这个产品……”这些话，她们根本就听不进去，所以才会到这个地步。一般来到玛花时都有比较严重的问题，而且是过了很多年，身体已经被摧毁了。

她们最容易发生的问题往往是身体全面发胖，百分之七八十是体重问题。她们长时间忽略自己的身体，脂肪超标、体重超标。一般来说，她们想瘦的欲望很高，而且都很急切，有许多是都带着受伤的心情强制地改变自己。玛花通常要安抚她们不要过急，然后按照肥胖情况来制定课程，先期大量做减肥，然后舒缓她的身体。在治疗过程中，跟顾客沟通交流，舒导她的情绪和心情，再配合饮食，她们都会瘦得蛮好。

现在我们已经到一个说减肥并不痛苦的年代。如果说付钱又要痛苦的话，那很多人选择自己想办法去解决，所以我们希望让他们在减肥的同时也可以感觉到一种身心放松的享受。

范美丽之玛花纤体Q&A

Q 老公应酬多又无肉不欢，孩子超爱薯条、炸鸡翅，如何才能让家人和我一起享“瘦”？

A 要想让家人和你一起享“瘦”健康，首先需要调配各种食物的比例。健康饮食金字塔是一个快速简易的饮食搭配指南，协助你选择适当的食物、适当的分量。你每天所进食的食物大部分应来自金字塔底层，最少应来自金字塔顶部。

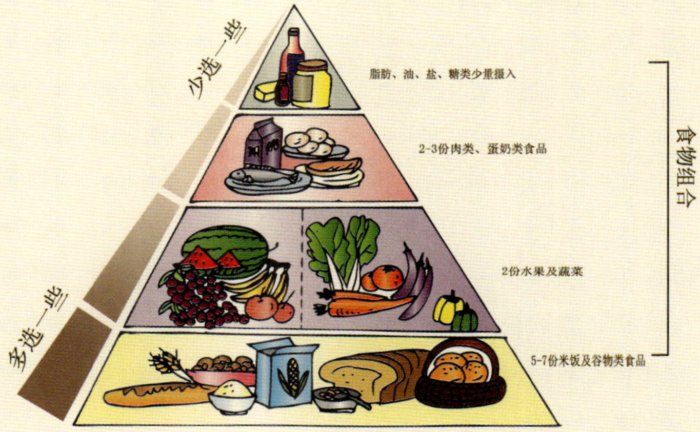

健康饮食金字塔结构

在选对了食物之后，我们还要学会进行低脂烹饪。即使是炸薯条和炸鸡翅这些看似不健康的食品，在食料准备上稍作调整就可以在享受食物美味的同时减少脂肪的摄取。

少油烹煮的小窍门

肉类、鸡肉和鱼

烹煮前：

■ 清除脂肪与肥肉部分

■ 鸡肉去皮

烹煮方式：

■ 首选蒸或炖

■ 尽量选择烤箱或微波炉

■ 在浅锅中放入少量的不饱和性植物油（如：葵花子油、花生油、大豆油），快速翻炒

烹煮后：

■ 有汤的肉类宜先冷却，把上面一层凝固的油去掉，再加热

■ 不要在已烹煮好的食物上另外加入脂肪（如：牛油、奶油、色拉酱、牛肉酱、沙茶酱、芝麻酱、花生酱等等）

蔬菜

■ 采用蒸、煮、微波炉等方式烹煮，并在烹煮过程中加入少量的水

■ 选用浅锅并放入少量的不饱和性植物油快速翻炒

■ 选用天然的调味品，如：生姜、蒜、洋葱、辣椒……来取代汤

料、味精或其他高脂肪、盐分的调料包

■ 在制作色拉时，用色拉醋或柠檬汁（新鲜）来取代黏稠的色拉酱

■ 烹煮后不要加入浓汁酱料(如：肉酱、芝麻酱、蛋黄酱)

其他低脂肪烹煮方式的选择

■ 如依照食谱来制作食物时，应用低脂肪的酸奶来取代蛋黄酱或奶油

■ 在制作饼干和蛋糕时，应将食谱中建议的牛油的分量减半

■ 奶油可以用低脂酸奶或低脂牛奶与少许低脂乳酪用搅拌器搅拌均匀后取代

■ 选择乳酪时应以低脂为首选

除了自己控制之外，建议根据自身脂肪含量及肥胖情况，听取玛花营养师的专业意见，制定针对家庭每个成员的健康食谱，让美味与健康相伴。

完美主义的
玫瑰女

玫瑰女基本上是一个生活多面的完美主义者，无论家庭、生活、事业，还是自我成长，她都想面面俱到。对她来讲，各方面都做得平衡而完美，才是幸福的指标。

Green
Green

张怡筠博士人物点评

玫瑰并非一定完美无缺，学会欣赏残缺的美感

1 性格特征

玫瑰女基本上是一个生活多面的完美主义者，无论家庭、生活、事业，还是自我成长，她都想面面俱到。对她来讲，各方面都做得平衡而完美，才是幸福的指标。

玫瑰女往往是天之骄女，因为她有着让人喜欢的外表，自幼学习优秀顺利，进入职场后工作表现亮丽。不但自己聪慧，又碰到优秀的另一半，有着令人羡慕的美好家庭。

玫瑰女有着坚强的韧性，她们有着自己明确的价值观，从不相信“一个事业出色的女人，就不可能有幸福婚姻”，也嗤之以鼻“结了婚的女人，就不能做自己”。对于这些世俗的判断，她们有着不妥协的生活态度，相信自己能面面俱到，并独领风骚。

对玫瑰女而言，一个女人能有全方位的表现，才是做女人的最高境界。

2 可能存在的心理挑战

觉得不够完美时，会出现焦虑

玫瑰女是别人心目中的完美女人典范，一想到做女人，所有人都会把她们拿出来，作为学习努力的目标。也因为深知自己被贴上了“完美女人”的标签，玫瑰女在日常生活中，很难让自己脱离完美女人的角色，不断地要求自己在任何时刻都要完美优秀。有时候累了，想稍微休息一下，内心深处会涌出声音：“不行，大家都认为我是完美的，标签已撕不下来，我必须要对得起这‘完美女人’的头衔才行……”

同时，由于玫瑰女的自我觉察和人际觉察的能力很强，在与人来往时，超高的换位思考能力，会让玫瑰女面面俱到，希望在应对上巨细靡遗，不让任何人不开心。例如：投入工作而无法和家人团聚，会让她不免担心，家人是否有些不满意？和家人出去旅行，也不免让她挂念，没和大家一起打拼，是否会让同事措手不及？也正因为很照顾别人的感受，所以难免有时会让自己倍感压力。

缺乏知己，无人倾诉压力

由于玫瑰女背负着完美女人的标签，在他人眼中，基本活在童话故事里，所以要找到和她们状况相同的知己确实不易。大家都羡慕玫瑰女的成就，但很少人理解，那种在面面俱到的成功背后，有着多少的压力及辛苦。而这份压力，玫瑰女有时会发现，自己找不到人倾诉，难免会造成心理负担。

3 心理成长建议

学会给自己松绑

玫瑰女是个标准的完美主义者，因此常用完美女人的标签捆绑住自己，若发现这个状况让自己有时喘不过气，那就该学会为自己松绑。

玫瑰女有时可以提醒自己，芬芳艳丽的玫瑰，不一定需要时刻完美的，有一些残缺也不一定是坏事。建议玫瑰女在日常繁忙的生活中，找一些时间和自己相处，坐下来进行自我觉察。若发现自己做完美女人有些辛苦，不妨给自己放个假，去找回爱自己的能量。

我在泰国学习静坐课程时，班上有一个德国女人就是个标准的玫瑰女。

她自己经营一个大公司，老公也是非常成功的企业家，有两个孩子，家庭幸福美满，她自己在社区也非常活跃，参与各式各样的活动，并担任一个自闭症儿童基金的执行长，生活方方面面都有着傲人的成就，是众人心目中完美的女人。

她说，有一天在洗澡时，她突然有一股冲动，想不顾一切地大哭大叫，然而想了想，她忍了下来，因为她想："如果我大吼大叫的话，会让老公担心，以为我要疯了……"她意识到自己很有问题，长久的完美女人，让自己喘不过气，于是和老公告假，来到泰国报名静坐课程。她告诉我，在异国的静坐课堂上，她觉得很轻松，很自在，因为在这里，她不必背负着完美女人的标签，也没人要求她要做完美的自己。她说："可以一段时间不那么完美，让人身心舒畅。"

另外一位懂得松绑的玫瑰女代表是杨澜。

之前我也和大家一样，看到她家庭、事业、自我样样完美，令人羡慕佩服。在认识她之后，我发觉除此以外，其实私底下的她，是个很真实，懂得让自己放松的人。她其实很有幽默感，开起玩笑来自己容易笑得很开心。有次我们一起录她的《天下女人》节目，最后到了评分环

节，所有评委的分数到了她手中，她高声喊出“28+9=34……”现场全部人立刻惨叫，被她高超的数学加法吓晕过去，杨澜愣住两秒钟（在那一刻她的智商跌了一半），接着她大喊一声：“哎呀，加错了！”神情像个小学生，实在特别可爱，呵呵！反而让人更欣赏喜欢她。

尝试做双面人

玫瑰女可以用比较高的标准要求自己，但跟别人互动时，请千万提醒自己：别人也许并不打算（或没这能力）学做玫瑰女的芬芳美丽，所以该给别人一些空间，让她们也能做自己。

我认识一个玫瑰女，她重视自己的穿着，也很在乎自己在职场上是否很专业。她自己非常准时，认为迟到是不尊重别人，也不尊重自己的表现。每次开会，若对方穿得不够专业，或开会不准时，她的心里面就会觉得难受，但碍于完美女人的身份，又不好说出，所以有时让自己生闷气。后来她发现，在这种情况之下，真正受到影响的是自己。这时玫瑰女不妨让自己尝试做“双面人”，也就是说，把对自己的要求和对别人的要求区别开来，可以要求自己面面俱到，但在别人面前，就不必要求他人也凡事无可挑剔。这么一来，玫瑰女就能让自己轻松自在，也更容易找到能交心的好友。

钟丽缇：“巧妙平衡家庭与事业，懂得爱的意义才最幸福。”

钟丽缇，正是那个让女人既羡慕又嫉妒的“新世纪完美女性”的玫瑰女。

在人们的意识，钟丽缇虽然一直是“性感女神”，而她大学时期的主修学业是“心理学”，近距离接触时人们总会发现她知性的一面；她在忙碌的工作之余，家庭也经营得有声有色，打造了一个幸福的小天地；她孕育了三个生命，以让人惊讶的速度完成了一个女人从含苞到怒放的过程，却始终保持着自然、健康、性感的状态。

她向我们证明了：岁月也许会带走一些青春的娇艳，却带来了更多的魅力与光彩。

玫瑰女非常案例

芬芳玫瑰钟丽缇兼具性感与才情

工作造就高情商的“性感女神”

1993年，出生在加拿大的中越混血儿钟丽缇摘下“国际华裔小姐”冠军，从此正式踏上星途。随后借电影《人鱼传说》一炮而红，凭着甜美的笑容和娇好的身材连续出演了多部卖座影片。正当事业如日中天时，钟丽缇却突然怀孕生女，一度使自己的演艺事业陷入低谷。直到2001年，钟丽缇出演了备受争议的泰国影片《晚娘》，和一部颇受好评的《色戒》，夺回了本该属于自己的荣誉，凭借出位的表演和高超的演技打破了以往的“花瓶”称号，稳坐上华人影星中“亚洲性感女神”的第一把交椅。

用香港话来形容，钟丽缇觉得自己很能“挨”。当年在印度拍《色戒》的两个月里，无论拍摄现场还是住处都非常简陋，生活起居上，所有剧组人员必须自己照顾自己。蚊虫叮咬自不必说，每天晚上，他们必须带着木桶去远处挑水。夜晚温度低，遇上没有热水的日子就只能不洗澡。从香港前来探班的朋友见了这恶劣的生存条件就只想逃，可钟丽缇却说自己不是挨下来了，而是享受过来的。“在那里生活，你的要求可以回到最根本，很小的事情，都足以令我雀跃。记得有一回，香皂用完了，就去集市上买，当我发现FA这两个英文字母时，忍不住欢呼，哈！在这种遥远的地方，竟然找到这样一个熟悉的品牌。”钟丽缇回忆说。

工作忙的时候，经常一周七天就要飞六个地方，但钟丽缇并没有因此叫苦连天。她很享受这种状态，喜欢去不同的地方，也从来不把工作当成负担，工作就是生命的一部分！去哪里，要做什么，都是很顺理成章的事情。很多人会投诉说“在酒店里醒来不知自己身在何处”，在她这里，也换了说法：“有时候在酒店的床上醒来，咦，是在哪里？定一定神，明白过来，喔！原来我已经在一个新的城市了，就会好开心。”

工作很多很忙，日程表排得满满的，但她自己的个性并没有因此而受影响发生改变。进入演艺圈以来，她从来没给自己加压，要求自己一定要成为什么样的人，一定要达到怎样的票房。她还是很喜欢做她自己——钟丽缇！

很多人误以为钟丽缇只是缺少个人想法的性感女郎，但可能很少有人知道她在大学读的是心理学，还修过工商管理，实际上她的情商绝对高，平时也很善于统筹安排。为了节约时间，在有限的时间内做最多的事情，钟丽缇平时的工作效率非常高。接受媒体采访，摄影的时间安排得过于紧张，采访就安排着和化妆同时进行。打完底妆，她就立刻挑出封面和内页要用的衣服，让服装编辑可以在接下来的妆容时间里把衣服处理好。当化妆师处理假睫毛时，她也绝不浪费时间，而是会自己开始打眼影。在

化唇妆时不能说话，她就让记者把最难回答的问题先告诉她，利用不能说话的时间考虑一个完美的答案……看上去，这样的场面好像气氛会很紧张，但其实大家都很放松，程序的顺利运行反而减少了忙乱。

性感是发自内心的自信表现

很多媒体在写到钟丽缇的时候都会用“性感”这个词当标题，总写性感肯定是有点腻的，但其实性感是一种很坦然，很有吸引力的态度。钟丽缇觉得，性感的类型有很多，例如可爱型、智慧型、高贵型，而她自己是属于自然型的。这种性感不是刻意装出来的，而是发自内心的自信的表现。

在加拿大长大的钟丽缇，刚出道的时候，身体结实健康，和娇小的港台女生站在一起立马就成了“大块头”。以至于被台湾某著名综艺男主持当众羞辱：“你好胖啊，腿那么粗！”她当时就觉得很尴尬，事后拼命地翻杂志，询问朋友，想办法找各种各样的减肥秘方做试验。

> 在生活中，钟丽缇也有为保持身材而坚持做的运动，仰卧起坐、慢跑、健身操……但她对此并无厌倦情绪。

那时，她会特别严格地要求自己，不吃淀粉类食物，计划的运动量一定要完成。但后来她发现这样并不好，原本愉快的进餐变成了一件让自己不开心的事情。有时候已经很累了，还要强迫自己运动，反而很不快乐。现在她早已释然，要求自己，但不苛求自己。她对各种健康理念可谓是如数家珍，而对纤体一直是秉着快乐健康至上的原则。“严格忌口、疯狂运动”是她不认同的。

有时和朋友聚会时，大家兴致特别高，如果有人对她说某个菜很好吃，她就一定会去尝试。在她看来，如果这个时候还板着脸对朋友说这不行那不可以吃，不仅辜负了朋友待自己的好心，也辜负了美味的食物。至于超出身体所需的部分热量，事后再想办法把它消耗掉就可以啦！

在生活中，钟丽缇也有为保持身材而坚持做的运动，仰卧起坐、慢跑、健身操……但她对此并无厌倦情绪。在她看来，这是抱着美好目的去做的运动，可以让肌肤更润滑、让身体更健康、让线条更完美，所以过程也应该是充满乐趣的。而在那些或累或忙，不想动的时候，钟丽缇就会毫不迟疑地把这些从日程表中取消。

钟丽缇最满意的是自己的肩膀和手臂部位，在她看来，如果本身身材并不高挑，就格外需要靠上身饱满紧实的线条来为身体塑型，漂亮的肩臂不仅在穿衣服时更有型，还有让人显得挺拔自信，看起来比实际身材高的奇妙作用。

也许是在国外长大的关系，她更偏好曲线分明，有肌肉感的身材。她说：“按照我们传统的审美习惯，也许像Halle Berry、Jennifer Lopez、Jessica Alba这样的女人都有点胖或者‘壮’，但她们却是我眼中的完美偶像。紧实的皮肤和有弹性的肌肉对女性来说真的很重要，可以让你显得健康又生机盎然。”

与玛花纤体携手共进11年

2009年2月10日的北京，钟丽缇一袭盛装出现在代言玛花纤体的新闻发布会现场，她曼妙惹火的身姿令在座的诸多媒体和嘉宾都赞叹不已。这是钟丽缇又一次做母亲后，和“守护美态与自信”的玛花纤体再续前缘。

她和玛花纤体一合作就是11年，这其中有双方相互的认同和信赖：一方面钟丽缇一直崇尚自然与健康，与玛花纤体的“天然、有效、持久”的理念不谋而合；另一方面钟丽缇的形象也向众多的女性传达出了“美与自信”两大理念的高度融合。通常减肥对于女性来说是件非常辛苦的事情，但玛花纤体却让她感觉到快乐。无需针药、无需挨饿、无需剧烈运动，就能够轻轻松松地拥有女性婀娜的曲线，而且也是因为有过在玛花纤体的成功瘦身经历，让她有勇气再次孕育生命。而事实证明的确非常有效果。

钟丽缇认为每个人都应该根据自己的需求去选择适合的纤体方法，但一定要选择用天然、健康的方法来保养身材。钟丽缇是一个很害怕打针、吃药和节食的人，那样会影响身体的健康，对她来说这比脂肪更可怕。玛花纤体为她度身定制了ELTT课程，并配合最新产品BodyTech和DermaTech的升级版TPL产后纤体课程，让她在两个月内急速瘦了21斤，腰围缩小16厘米，手臂缩小6厘米！帮助她去脂、排毒、提升松弛肌肤，特别是橙皮纹、妊娠纹基本不见了，还同时保持了健康和充沛的身体状态。每次去玛花做纤体课程时，按摩师的纯熟手法都让她感到舒适而放

松。同时，针对产后需要补充营养，又担心补得太多而囤积多余脂肪的困扰，营养师向她提出了许多专业而实用的建议。例如，尽量多吃蔬菜，且最好以不加油盐、用水白灼的方式烹调；多吃蛋白而不要吃蛋黄；每天吃两个水果，苹果就是很好的低热量高纤维水果。

她的纤体顾问、营养师不仅在她纤体期间从身型到心理，全面地、专业地对她进行了有效的呵护，平时也非常关心她的生活和事业。在长期的相处过程中，他们已不仅仅是她的纤体顾问，更是好朋友。玛花纤体的营养师教给她的很多饮食、生活习惯已经变成了她的生活方式。

爱情令她成熟，家不是讲道理的地方

钟丽缇与先生严铮在一起生活已经近十年了，这个比她小四岁的男人会为她煮饭，为她写歌，最重要的是他专注的眼神里只有她。

钟丽缇与严铮邂逅的场面很浪漫，她一见到他就被吸引了。当时，他一边弹琴一边唱歌。“太浪漫了！”她叹道。而严铮为钟丽缇做的最浪

漫的事，就是为她写了一首歌《Only for you》。直到现在，每次听到这首歌，钟丽缇仍会非常感动。

她觉得严铮是真的能让自己变得更年轻，可以天真地活着的人，严铮也觉得钟丽缇的眼睛最性感，很大很甜。而且做了妈妈后，女人味越来越浓，尽管在家里都穿宽宽大大的衣服，也从来不化妆。可她身为一个女人和母亲的自信，还是让她显得非常非常性感。

两人一直都想有小宝宝，当得到钟丽缇怀孕的喜讯时，既兴奋，又紧张。在怀孕期间，对孩子都格外小心。有一次在外面吃饭，严铮突然闻到烟味，想都没想就直冲过去叫那个人不要再抽烟。当爸爸的如此爱护有加，作为孕育生命的妈妈，钟丽缇更是处处小心翼翼。孩子出生那天，他们原本还正在参加一个朋友的派对，穿得很正式，结果直接从派对进到产房。别人进产房时都穿得很邋遢，而他们却像是去走红地毯。

在临盆之际，钟丽缇毅然决定不打麻药。因为麻药虽然能减少生产时的痛苦，但是对孩子多少还是会有影响，所以她宁愿自己忍痛。这让严净感动至今。生产过程中，钟丽缇一直拉着他的手，很紧很紧，当时他都想哭了。终于，只用了1小时40分钟，女儿就顺利出生了。看到Jaden健康漂亮地来到这个世界，严铮和钟丽缇心里悬着的石头才算落下来了。

女儿出生一个星期内，严铮就以“Jaden”为名创作了一首歌。每次听到那首歌，钟丽缇脑海里就涌现出好多好多画面。严铮穿得很摇滚，一个大男人突然冲到医院里抓着护士就说：“怎么照顾孩子，我要学！”把在场的所有护士都吓得愣住了，这样的场景真的好可爱！

当然两个人在一起生活久了，吵架或有分歧的情况也难免会发生。但他们之前都定下了规矩，遇到某种情况，该怎么办，怎么道歉。通常都是钟丽缇先道歉，哪怕她没有错，但高情商，又有充分自信的她，正是用这样主动认错的方式来调和夫妻间的情感。因为家庭生活不是讲道理的地方，而是讲情理的地方。

兼顾事业家庭，找到平衡点

钟丽缇的举手投足间都散发着一种成熟的美，从容自然。与她聊天，听她分享家庭经营之道，言谈之间都显露出她特有的自信与通达，她说：“私下里我是一个很随意的人，喜欢一切都舒服自然，也非常容易满足。当然，这并不是说为了开心就任意纵容自己，学会享受和克制之间的平衡，是我多年来的一大收获。” 钟丽缇一直相信，家庭幸福是一个女人最大的幸福根源。

巧克力人生：完美融合家庭与事业

在看似对立的事物间找到微妙的平衡，是钟丽缇自然挥洒人生的秘诀。谁说做个好母亲和专注事业是一对天生的矛盾体？两者就像奶油和可可粉，经钟丽缇的妙手点化，融成了一块巧克力，相辅相成酝酿出多姿多彩的人生甜蜜。

钟丽缇认为现在大多数女人都有自己的事业和家庭，不需要放弃哪一个，只要合理安排，找到平衡点。怀孕是女人最辛苦的时刻，但即便如此，也并非必须放弃工作。钟丽缇在长长的大半年怀孕期间，不断穿插着电视节目的录制、首度尝试的配音、广告代言、公益活动……工作被安排得满满当当，而孕妇的独特优势甚至让一些工作胜任得愈发精彩。怀孕7个多月的钟丽缇，冒着冬夜的寒风和丈夫严铮参加嫣然天使基金晚宴，并上台当了拍卖嘉宾，筹得了55万人民币的善款，钟丽缇不无骄傲地说："我是两个人在努力地为慈善做一点事情，肚子里的宝宝也在帮妈妈为公益事业出一份力，为更多孩子的健康未来出一份力。"

刚生完第三个女儿时，身材没有完全恢复，看上去还比较胖的时候，她就接受了一个杂志的拍摄要求去拍一组照片，更有甚者，她在产后一个月便自信地走上北京时装周T台。"在工作的时候，我完全忘记了自己当时还比较臃肿的身材，照片出来后的效果也非常不错。所以人自信的时候，什么事情都能做，都能做好。"

钟丽缇经常出差，在出席一些活动时也不介意展示自己的宝贝女儿。有时候，她甚至带着二女儿Jaden一起参加活动，发觉Jaden简直就是小明星，很喜欢照相也不怕生，而且还有点男孩性格。在怀Jaden的时候，钟丽缇经常放莫扎特的音乐进行胎教。现在每次听到莫扎特的音乐，Jaden就表现得特别安静。Jaden很爱美，看她的眼神好像她什么都懂似的，钟丽缇特别兴奋，说："如果Jaden以后想往娱乐圈发展，我是不会阻止她的"。

最近，钟丽缇正计划在北京开一间越南餐馆。因为她的母亲是越南人，她一直有个小心愿，炮制出小时候妈咪做的最好吃的檬粉和汤饭。

一个有魅力的妈妈要懂得爱自己，更漂亮

2010年，钟丽缇又产下一个女儿。很多人都从钟丽缇代言玛花纤体的广告上看到，她刚生产后的照片，脸上洋溢着再度成为母亲的灿烂笑容，但身材的走样（当然后来恢复得很好）却让我们看到，成为母亲所必须付出的代价。对钟丽缇来说，她已经生育了三个女儿，作为妈妈的角色时，当时是"宝贝永远第一"。

> 我在家的时候真的就是一个妈妈，一个很普通的妈妈，去买菜、换尿布，给她们洗澡、看书，在家我不会化妆。外出工作的时候，你们看我化妆、穿着高跟鞋和漂亮的裙子，在家里我同样是拖鞋、运动服，很朴素。

怀孕生育使女人身材改变，即使是普通的爱美女性也会觉得是一种挑战。钟丽缇当然也怕胖，可是成为母亲却是件那么伟大的事情，身材是事后有很多办法可以恢复保持的，但是当女儿喊妈妈的时候，那种快乐是无可替代的！所以她在怀孕期间并没有刻意节制食欲，而是坚持少吃多餐。因为“宝贝第一”，不能怕长胖就让孩子营养不够。同样，母乳喂养也被许多爱美女性视作禁忌，但钟丽缇却出人意料地积极倡导。生完大女儿后，她用母乳喂养了四五个月。到二女儿时，尽管也喝了很多鸡汤，但是奶水却有些不足，所以只喂了一个月。小女儿出生时，她还是坚持母乳喂养。

钟丽缇觉得要做一个有魅力妈妈就一定要懂得爱自己，最重要要学会管理时间。

平常，她晚上要先陪大女儿做作业，接着哄二女儿睡觉。有时，二女儿刚睡着，小女儿又醒了哭着要喂奶。一个晚上只有三个孩子都安顿好了，最后的时间才能够给自己。她就会用这些时间来做运动和自己喜欢的事情。有了孩子，和先生的感情更是需要保鲜的。她会和先生继续保持约会，安排机会两人一起去看电影、吃饭。她一直坚持充分利用时间，保持工作、家庭和自己的人生之间平衡。

人总归要经历不同阶段，有着不同的状态，身材也好，想法也好，都会有所改变。

钟丽缇在日常生活中也发挥她在大学时学管理学的特长，非常善于利用时间实施各种美容、美体的小方法。刷牙的时候会做一下腿部拉伸，抱孩子的时候练一下手臂肌肉，走路逛街时有意识收紧腰腹和腿部，这些都是她随时自我训练的项目。她说："不要以为这些事情太麻烦太累，其实只要稍稍注意一下就能轻松做到，一旦习惯成自然，就会发现'积少成多'的好处。像许多女性手臂都有赘肉，而我因为时常要抱着宝宝，手臂反倒比原来紧实多了。"

找到平衡点，给自己重新定位

钟丽缇很享受做妈妈的快乐，孩子让她觉得非常非常幸福，也觉得比从前更懂得爱的意义。她对自己目前的状态非常满意，她说："人总归要经历不同的阶段，有着不同的状态，身材也好，想法也好，都会有所改变。我生了孩子以后有段时间老嫌这里那里胖，又觉得突然多出很多照料孩子的事情，实在很烦，搞得成天紧张，周围的人也一并紧张。度过了最初的焦虑期后，我冷静地问自己：现在获得的一切是你想要的吗？既然答案是肯定的，那就不如重新找寻平衡点——积极地恢复，给自己重新定位。如果，年纪很轻的时候喜欢光鲜亮丽，成为引人注目的焦点，那我现在则处于一种更放松的状态，尤其几年前开始学习冥想课程后，我觉得眼界一下子变得更宽了，许多东西也知道如何去看得淡一些，不再计较纠缠，不再想着不达目的誓不罢休，内心的平静与平和才是最重要的。”

没工作的时候，钟丽缇会尽量在家里陪孩子。她说：“我在家的时候真的就是一个妈妈，一个很普通的妈妈，去买菜、换尿布，给她们洗澡、看书，在家我不会化妆。外出工作的时候，你们看我化妆、穿着高跟鞋和漂亮的裙子，在家里我同样是拖鞋、运动服，很朴素。”

钟丽缇说给自己当妈妈打99分，“而且你知道吗？”她完全陷在自己对女儿们的愉快回忆里，“我现在的快乐其实都是她们带给我的。我会和她们一起玩玩具、逛公园、坐旋转木马，她们每天逗我笑得肚子疼，是她们给了我第二个童年。”

钟丽缇的 修身保养秘笈

1 日常饮食

早上：一定要喝杯温水，促进体内循环。然后吃些面包、水果等。

中午：拆成三餐吃，每餐数量要少，例如一碟沙拉，或者一个苹果、一小碟海鲜或肉类等。

晚上：蔬菜为主。

每月选一天进行排毒，完全不碰咖啡、茶、辛辣食物，只喝果汁，让身体彻底放松。女性到一定年纪后，钙质容易流失，得懂得补充，比如多喝牛奶，如果不喜欢喝牛奶，就需要坚持吃各种维生素营养剂，少喝可乐、咖啡之类容易导致钙质流失的饮料。

2 每日必做的美体动作

注意腰部不能弯曲，保持类似俯卧撑时的笔直感。坚持几分钟后休息。每天做几次这样的动作，不仅腰腹、大腿得到锻炼，对手臂和胸部也非常好。

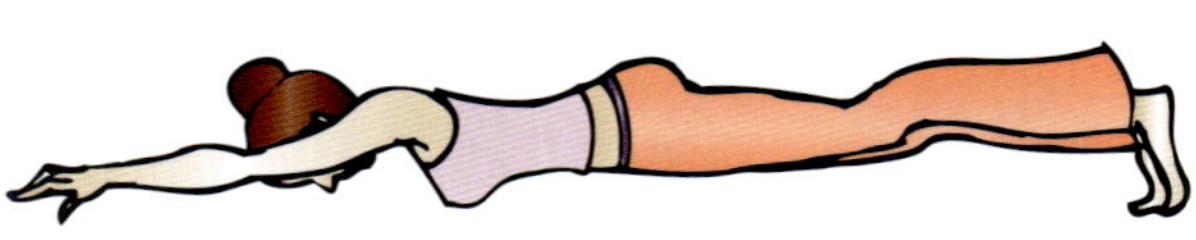

STEP1 将身体整个俯卧在地面，双脚并拢，脚踝成直角，用脚趾支撑地面。

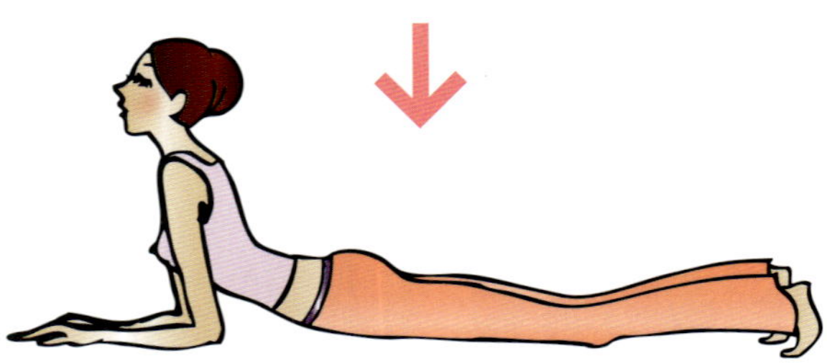

STEP2 然后缓慢将上身挺起，手肘撑住地面，把身体带起来。

钟丽缇的
爱情保鲜秘笈

男人是很需要被崇拜和被需要的，照顾他会让他感动，依赖他则会让爱情更浓稠。适可而止的依赖可以培养出对方的责任感，进而让对方心理上有一种成就感。每一对夫妻的相处模式不尽相同，但女人依赖，男人负责任，则是维系关系的基本要素。

钟丽缇的 **产后瘦身术**

1

饮食原则：少油、少糖

蔬菜主义者钟丽缇从来不吃油腻的食物。每天的饮食分成3至5顿。每次吃的量都很少，但要保证次数，因为只要漏过一次，下一顿一定会大吃特吃。“我都是吃一些蛋白质高的食物再搭配一些青菜，最好是水煮的或清炒的，味道淡了点，但瘦身效果显著。”此外，巧克力、蛋糕、冰激凌之类的食物是减肥的大敌，钟丽缇也尽量不碰。如果偶尔实在馋了，吃了这类的高热量食物，一定会想办法把多摄入的卡路里消耗掉。

2

妊娠纹：坚持橄榄油按摩

防止妊娠纹要从怀孕时就开始。在肚子渐渐开始大起来时，就要用一些比较滋润的乳液或橄榄油之类的东西坚持按摩。这样皮肤就会富有弹性，不会那么干，也就不容易滋生妊娠纹。

3

纤体：玛花的专业课程最有效

控制饮食虽然能达到瘦身的目的，但急速降低体重容易引起皮肤松弛，所以紧致纤体必不可少。对钟丽缇而言，最有效果的是玛花纤体专为产后女性设计的ELTT课程及升级版TPL产后纤体课程。这套课程针对全身收紧线条，排毒，去除橙皮组织，令她体验到更加显著的纤体效果。而营养师也会定期提供饮食意见，令她既能吸收足够营养，又没有多余脂肪。

李艾给玫瑰女的锦囊

保守中，透出格调和精致

钟丽缇是幸运的玫瑰女，她因为年轻时涉足演艺界，所以在装束和打扮上都很有经验。我们可以看到她随着年龄的增长，身份的变化，装扮也在随之而改变，以适合自己的身份。无论何时，她的出场总是耀眼而得体的。

而生活中大部分玫瑰女在外形的打扮上是比较稳当的。因为她应付的场合比较多，家庭中的，工作中的和社交关系中的。她自律性很强，她要求所有人看到她的时候都是得体的。在中国人的社会当中，因为她要面面俱到，上司喜欢，老公喜欢，长辈喜欢，下属喜欢，所有人都喜欢的情况下，就必然是稳当的。她做事的方式也是稳当的，她的穿衣打扮是稳当的，她的说话也是稳当的，她要三思而后行才会把话说出来，所以她的性格也是温和的，而且让周围人都没有压力感。

打破中规中矩的套装

玫瑰女容易把自己打扮得老气。比如，现在很多白领喜欢的装束，中规中矩，就会比较容易让人感觉老气，看着中规中矩，但是非常精致，她们在乎每一个细节。例如，手指甲的颜色是从来不会涂成大红色的，而一定是透明的，或者是法式的。因为红色有的时候会让人感觉有攻击力，很艳丽，有妖娆的感觉。通常玫瑰女也嫌麻烦，没有时间经常打理，她觉得越简单越好。有的时候就会让人感觉没有新意和老气，一个发型或许可以保持一辈子。再加上她们要应付家庭，人的时间

精力是有限的，家庭、事业都兼顾就没有太多时间打理自己的外形。也许同一款式的套装在家里会有三四套，只是颜色不一样而已。因为她觉得这个类型是自己适合穿着的，就会整个衣橱都是这样的类型。这样既会让人觉得很缺乏新意，又容易视觉疲劳，会觉得这个人天天都是这么回事，中规中矩老气横秋。所以玫瑰女要不时地提醒自己还是一个年轻人，哪怕自己已经40多岁了，但也要让人看起来显得年轻一些。

玫瑰女大部分都是高知分子，她的打扮让人觉得特别得体，通常还是走温和的路线。在颜色上尽量不挑太出位的，因为这比较符合她们的性格和要应付的场合，但是款式上可以年轻化一些。或者尝试搭配上有一些出挑的东西，比如像职业套装，里面就不一定非要配白衬衫，可以换一件鸡心领的毛衣或者是亮色的衬衫。

找一个专业的形象设计顾问

玫瑰女有自己的事业同时又兼顾美满的家庭，时间方面比较紧凑，也许不会有太多的时间去兼顾外表，平时也不会刻意去钻研时尚资讯。所以我建议玫瑰女可以找一个专业的设计师给她出几套整体方案，首先这种方案是可以灵活变通的，可以根据你的肤色，你的脸形来打造你；其次设计师会给出一些很好的建议，让你看起来更年轻，在中规中矩的范围内，又不会让人感觉非常突兀。包括发型的设计，以及出席各种场合可以做什么样的发型，配什么样的服饰。关于服装方面，造型师会根据玫瑰女的性格和工作内容、肤色，而选择一个色系，这样玫瑰女就会知道哪些颜色是合适她，哪些颜色不合适她。这样买衣服的时候，也可以节省很多时间。有些色系也许不是很适合，但不代表不能碰，可能是要用在离脸部远一点的部位，例如可以穿在脚上，可以拿在手上。但是跟脸最近的部分，最好不要是这个色系，因为会衬得皮肤状态不是很好。

佩戴有品质但不花哨的饰品

对玫瑰女来说，可以选用有品质的首饰，不用很多，款式也不用太花哨。钻石或者珍珠的耳钉、耳坠、玉镯等都是适合的，不需要太过张扬，但是昂贵和精致。大部分的玫瑰女的事业和家庭都非常稳定，而且她也希望给人一种稳定的感觉和印象。她的首饰不妨是一些象征意义的东西，婚戒或是先生和家人送的家传之物。当她戴的是家传之宝，她自然会觉得有归属感，这种心理对她整个人的运势都是很好的。她是给自己提高自信心，给自己一些气场的，包括暗示自己是什么样的人。这种女性需要有一种归宿感，她的事业、家庭都要有归宿感，两边都要的话，就需要稳定的状态，就不妨戴这些东西在身上，昭告天下的同时稳定自己的心思。

玛花纤体运营总监的专家建议

玫瑰女的纤体分析

玫瑰女大多是完美主义者，家庭事业双修，而且形态等各个方面都无可挑剔。玫瑰女一般都是30岁以上的女性，她们在生活经历方面都已经有一定的领悟。玛花纤体的很多客户已经跟了我们20多年，为什么玛花的事业可以有序经营，就是因为这些玫瑰女的推动。

玫瑰女知道除了要照顾好她的家庭，也有一份非常好的事业。她认为她今天有那么好的事业，那么好的家庭，就是她自己争取来的。所以这种客户不需要太多的心理辅导，你只需要告诉她哪种减肥、瘦身的课程最适合她。

玫瑰女们要照顾家庭，工作也要做得好，往往时间非常紧。如果在她的生命中出现了比减肥更加重要的事情，而这一段时间，她又没有体重问题的时候，她不会逼迫自己一定要来玛花，她不会把这当成是不可分割的一件事情。她们一般很有分寸，很会安排她们的时间，当她知道有体重问题时，就会去面对并及早解决。这种客户一定是属于又要可以看到效果，又一定要让她们舒服。玫瑰女其实对营养、饮食方面的问题大多都有了解，甚至比顾问更厉害，她们什么都知道，也会很坦诚地告诉顾问，她们非常清楚自己的身体状况和肥胖的原因。

钟丽缇最受人关注的问题是她生了三个孩子，生完第二个孩子之后，接受了41天玛花纤体的课程就减肥成功。她很清楚自己的年龄，那时已近40岁，她也知道新陈代谢在这个年龄会变缓慢，但是新陈代谢随

着年龄而缓慢，是没有办法的，可是她有这样的警觉性。她可以在40多天的课程内瘦得这么让大家满意，其实我们也很惊讶。

玫瑰女都有很强的自觉性，钟丽缇能够成功瘦身主要的原因也是纪律性很强。她非常积极地配合我们特别为她研发的一系列课程，她来做课程的时间也非常有纪律性，绝对不会三天打鱼两天晒网。并且，回家后，也很配合地涂抹玛花为她研发的产品。她不是单独做一种课程，我们有仪器，有按摩，都是配合地做。

无论多么自律的人，也会有自己偶尔有个性的一面。钟丽缇她虽然很自律，但是她也有一个死穴，就是很喜欢吃牛排和巧克力点心。刚刚开始的时候，她什么都可以按照营养师的安排来做，就是牛排和巧克力点心一定要吃的。我们告诉她，玛花的原则是不需要节食，不需要挨饿，还是让她吃牛排和巧克力。但是，我们也会告诉她，如果你那天要吃牛排，你的其他饮食该怎么安排；或者你那天多吃了几口巧克力的话，又应该怎么安排其他的食物。所以，虽然钟丽缇有她的死穴但还是可以瘦下来。

钟丽缇是一个非常喜欢运动的人，刚开始减肥的时候，她自己很主动积极地问我们是否能够边做运动边配合课程减肥。我们建议她，如果一开始就做激烈的健身运动，反而会直接把脂肪变成肌肉，然后再减就会比较难，所以我们建议她可以先适当地做一些瑜伽。其实很多人都有一个误区，认为减肥就是狂运动或节食。运动很好，但要看什么时段做运动。要当她已经瘦到了某一个阶段，消耗了大部分脂肪以后，需要做一些收紧，这时再配合运动，就可以瘦得很漂亮。

而且通常节食看上去是瘦得很快，但是皮肤就会比较松弛，会显得憔悴。要像钟丽缇这样合理的瘦身方法是不会出现上述情况的。

玫瑰女之玛花纤体Q&A

Q 生完孩子，迅速恢复身材重返职场，这是明星才能缔造的神话吗？

A 钟丽缇、小S、张柏芝……看到电视上一个个明星辣妈，抱着孩子自信满满地大秀满月亲子照，却发现自己产后恢复非常困难。让我们来看看，你在哪些环节输给了那些成功的明星辣妈：

你在生产前，就比星妈胖10斤！

怀孕期间，你有没有像星妈一样控制你的体重？正常情况下，一个妈妈从怀孕到生产整个过程中，体重增加应该控制在11到13公斤。可多数的准妈妈整个怀孕期间都在不停地补，增加的体重远远超过理想范围。没错，怀孕过程中我们需要比平时多一倍的蛋白质、维生素、膳食纤维等营养，但是如果过量的话就会以脂肪的形式储存。先不说产后恢复，在进产房前，你可能就已经输给星妈10斤体重了！

瘦身可以多迅速？

来看看你的生产方式吧！自然分娩的妈妈可以比剖腹产的母亲更早启动纤体计划，恢复身材也更快。对于中国的顺产妈妈来说，我们建议产后45天后，就可以进行全面的纤体了。建议选择一些专为产后女性设计的纤体课程，如玛花纤体的配合ELTT课程的升级版TPL产后纤体课程，针对产后紧张情绪的

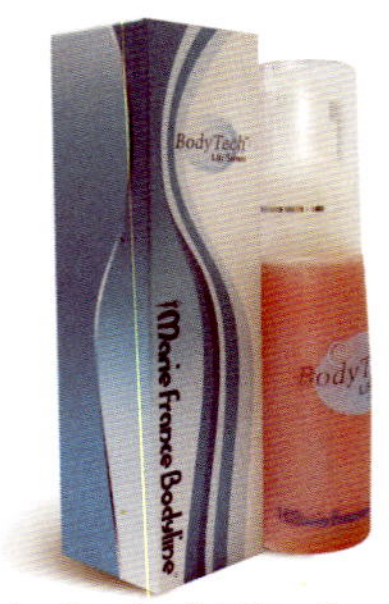

BodyTech Lift Serum
玛花BT精华凝露

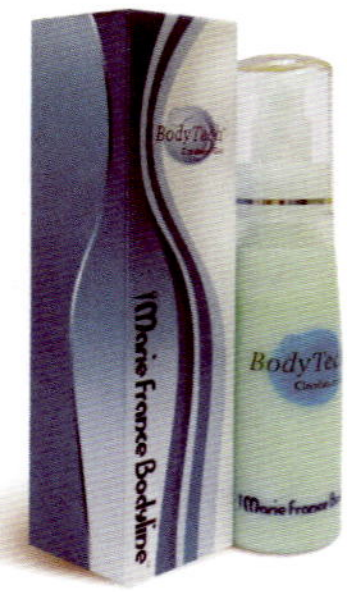

BodyTech Circulatory Gel
玛花BT调和啫喱

专业按摩舒缓，以及全身的收紧线条、排毒、去除橙皮组织。在升级版TPL产后纤体课程前，先用ELTT课程，将达到更好的效果。

对于剖腹产的母亲来说，要在分娩的伤口完全愈合后，才能开始纤体。在伤口没有完全愈合好时，可以先选择针对臀部、手臂、大腿等局部的LRC焦点式纤体课程，尽量避免选择腹部。

当然，玛花也理解中国家庭的很多传统观念，希望生完孩子后先补好身体再开始瘦身，虽然时间上略晚一些，但效果并不减半，同时又减少了与老一辈观念的冲突。

你会是个具有多重DNA的双面女吗?

张怡筠 博士

当你做测试题时，如果你惊讶地发现，你有两或三种指数得分都不相上下，哈哈，恭喜恭喜，你的血液里头有着丰富的DNA值，你的生命和潜能都值得再细细地咀嚼与挖掘。

生活中绝大部分的你我都有可能聚集了两种不同的DNA因子，不会是某个单一极端的类型。如果想判断自己的主性格，那就找出得分最高的那型，那才是你DNA里头根深蒂固的本色，但如果有其他的类型得分接近，那就是你的副性格。不妨参考这个相近类型中跟你贴合的部分，通过用这个方式更加了解复杂而精彩的自己。因此当你发现自己既是“范美丽”又是“美人娇”的话，请先拍拍自己的肩膀，告诉自己说:

亲爱的，你是一个很用心经营自己的人，双重的DNA展示你拥有一个精彩万分的个性世界。

千万别因为自己不是简单地属于某一个类型而感到唉声叹气，因为我们女人最有趣而有意思，同时也是让男人捉摸不定而又爱不释手的地方就是我们是世界上最复杂迷人的动物。

最关键的并不是把你分割清晰属于哪个类型，而是能够帮助你找到自己DNA最完整的解码说明。只要了解了自己，当遇到其他类型的女性时，欢迎你优雅地微笑地报出自己的名号——我是双面女人。

附录一

来自玛花纤体中国区员工的分享

Q1 接触了这么多的顾客，在交流过程中，你觉得现代中国女性最大的希望是什么？

Betty Zhu
玛花纤体
华北区区域经理
我觉得现代女性的最大的希望是：健康、美丽、幸福。

Shirley Luo
玛花纤体
华南区深圳区店长
希望自己能身体健康，漂亮，自信和拥有自己喜欢的工作与生活。

Kelly Huang
玛花纤体
华东区区域运营经理
美满的家庭，有自己的一番事业。

Michelle Peng
玛花纤体
华南区广州前台主管
首先是自己的外表和内涵尽可能地提升，现代女性已经不单只希望家庭幸福、和睦，也希望自己的事业顺利。

Selina Huang
玛花纤体
华南区昆明/成都纤体师主管
现在的女性最大的希望是有美丽的容貌、苗条的身材、经济独立、家庭美满，当然还有健康的身体。

Joey Ling
玛花纤体
华北区区域经理
拥有内外兼修的美丽，追求幸福及美满的人生。

Corrine Wu
玛花纤体
华东区营养师经理
在体现自己的能力与价值的同时，还能具有传统意义上对女性的期待，如体态窈窕，性情温柔等，是现代女性最大的希望。

Helen Di
玛花纤体
华南区深圳万象城店
现代女性都希望自己是能出得了厅堂，入得了厨房的全能女性。

Belinda Hui
玛花纤体
华北区前台总主管
拥有源于家庭的幸福感，工作的成就感，自身形象的美感。

Jeisy Tan
玛花纤体
运营经理--华东区
年轻的女性越来越漂亮，成熟的女性越来越年轻。

Teresa Liu
玛花纤体
华北区纤体师总主管
除了有丰裕的物质生活，更多的是希望自我充实和完善。

Vivi Wu
玛花纤体
华南区成都区店长
过充实而没有遗憾的生活，按照自己的理念自由地生活，表现为独立，但同时希望能有一个和睦的家庭，有疼爱自己的老公。

Jenny Guo
玛花纤体
华南区前台主管
完美的身材，幸福的家庭，事业有成。

Q2 你怎样看待自信的女性？你认为获得自信的关键是什么？

Joey Ling
玛花纤体
华北区区域经理
自信的女人是最有魅力且是最富有的。自信的女性会运用自己EQ和IQ，把自己的优点发挥得淋漓尽致，弥补自己的缺点。

Kelly Huang
玛花纤体
华东区区域运营经理
自信来源于心态，关键在于信心。

May Wang
玛花纤体
华北区医营部总主管
我认为自信的女性有魅力，有极强的感染力。获得自信的关键是有丰富的阅历，美丽的外观。

Jeisy Tan
玛花纤体
运营经理--华东区
我十分欣赏自信的女性，自信的关键在于对周围的事物的准确认知，同时对所发生的事情有一定的提前认知。

Apple Shi
玛花纤体
华东区区域运营经理
我一直以来觉得拥一份自信与从容，执一份睿智与聪慧，掬一腔似水柔情，才能成为最美的女人。自信的关键是要相信自己，在不断的提升与自我完善过程中，自信会不断地积累和提升。

Betty Zhu
玛花纤体
华北区区域经理
自信的女性是幸福的；获得自信的关键是内心的强大。

Helen Di
玛花纤体
华南区深圳万象城店
自信的关键是懂得生活，懂得体现人生和价值，我认为自信的女人关键在于美丽。

Sasa Chen
玛花纤体
华南区广州丽柏店
自信的女性最主要有“心灵美”，自信也是需要经过时间累积而成的，而对“心灵美”是严格的，无论是针对个人素质，同样要的也是外在美。

Jenny Guo
玛花纤体
华南区前台主管
有自信的女性是最美的。获得自信的关键是要独立，有自己的事业。

Anna Zheng
玛花纤体
华东区区域运营经理
自信是完美性格的一部分；获得自信的关键是满足所拥有的。

Sandy Jiang
玛花纤体
华北区区域经理
健康向上的生活态度，是完善自我的第一步，外在的美丽更加衬托出女性内在的魅力，从而更加自信。

Lianna Lan
玛花纤体
华北区区域经理
自信是一种不沾染浮华的美、是天然去雕饰，是从容、淡泊。获得自信的关键是任何时候不放弃自己，给自己希望.

June Ng
玛花纤体
华南区区域运营经理
自信的女性容光焕发，工作得心应手，最关键是有窈窕身材，充满活力的体魄。

Q3 在玛花纤体工作，带给你最宝贵的东西什么？

Betty Zhu
玛花纤体
华北区区域经理

客人对我的信任、依赖着实让我感到满足，当然这一切源于我的工作给他们带来了美丽、自信，让他们改变了自己的生活，变得更幸福。被别人需要是一种幸福。

Corrine Wu
玛花纤体
华东区营养师经理

我觉得是来自顾客的认可和肯定，正是这点让我在工作中充满激情。而玛花所提倡的积极健康的生活态度也让我受益良多，让我的生活更有质量。

Helen Di
玛花纤体
华南区深圳万象城店

在玛花让我看到无数爱美女性在我们的指导下，达成自己的梦想，让我觉得非常欣慰和自豪。

Lianna Lan
玛花纤体
华北区区域经理

每天都工作在希望与改变这个环境中，并亲历每一个人的梦想之旅,，蜕变之旅，我感动其中，感恩于此。

Shirley Luo
玛花纤体
华南区深圳区店长

在玛花工作，接触到不同层面的客人，从中吸取了丰富的知识和优秀的品格，并分享到客人减肥成功的喜悦。

Apple Shi
玛花纤体
华东区区域运营经理

在玛花工作了6年多，很开心可以跟顾客分享她们的减肥历程，让她们通过玛花找回了自信和新的生活方式。 帮助别人也是一个愉悦自己的过程，我觉得这是我这么多年来得到最宝贵的东西。

Michelle Peng
玛花纤体
华南区广州前台主管

首先自己变得自信了，对工作、对生活的态度变得积极，也变得爱美了，知识面比以前宽了很多，我也学到了很多为人处世之道。

Teresa Liu
玛花纤体
华北区纤体师总主管

与每一位顾客共同塑造美和享受美的过程，会令人有愉悦的心情和无限的动力。

Belinda Hui
玛花纤体
华北区前台总主管

身处时尚前沿的工作环境中，接触到了很多成功/成熟女性（同事，客户），借由她们身上学习到了很多。自己也变得成熟自信起来。

Corrine Wu
玛花纤体
华东区营养师经理

作为一名营养师，玛花带给我最宝贵的是来自顾客的认可与肯定，正是这点让我在工作中充满激情。而玛花所提倡的积极健康的生活态度也让我受益良多，让我的生活更有质量。

Sasa Chen
玛花纤体
华南区广州丽柏店
在玛花工作3年，令自己阅历更丰富，懂得和不同性格的人沟通，带给我最宝贵的是丰富的知识和经验。

Kelly Huang
玛花纤体
华东区区域运营经理
对自己充满信心，对生活充满希望，有一种积极向上的精神。能结识各个年龄段的女性朋友，在和她们的交流中，可以体会到不同的人生。

Anna Zheng
玛花纤体
华东区区域运营经理
让我认识了很多现代女性，从她们身上学到了很多，从而让自己更自信！

Amanda Ye
玛花纤体
华北区区域经理
健康的生活方式，对美丽的自信。

June Ng
玛花纤体
华南区区域运营经理
能帮到客人变身重拾自信。

Q4 每个人对幸福的定义不同，对你而言，怎样的人生是幸福的人生?

Teresa Liu
玛花纤体
华北区纤体师总主管

人生中当你觉得自己拥有的和失去的同样都是幸运的，那么你就是幸福的。

Sasa Chen
玛花纤体
华南区广州丽柏店

幸福的人生希望是可以随心所欲，时而可以为工作加倍努力；时而可以放松品尝美味、吃大餐；时而要为身材做个计划，令自己更完美!

Sandy Jiang
玛花纤体
华北区区域经理

与朋友家人和谐地相处，有健康的外表，有自己喜欢的工作，做个出得厅堂、进得厨房的女人就很幸福。

Anna Zheng
玛花纤体
华东区区域运营经理

珍惜现在所拥有的一切就是幸福的人生!

Amanda Ye
玛花纤体
华北区区域经理

我和身边的人身体健康，平安，心态平和，在家庭生活和工作中寻求平衡，再实现一些个人小小理想。

Joey Ling
玛花纤体
华北区区域经理

幸福就是一种鼓励及推动力，我觉得幸福的人生就是能做自己想做的东西，得到家人、朋友及上司的支持及爱戴，有推动力地去做好每一件事情，自然而然就会快乐。

Vivi Wu
玛花纤体
华南区成都店长
生活中不缺少幸福，只是缺少发现幸福的眼睛，我觉得现在很幸福，因为我过得非常充实，如果这就是幸福的定义。

May Wang
玛花纤体
华北区医营部总主管
首先有良好的心态，和睦的家庭，众多的朋友，健康的身体。

Jeisy Tan
玛花纤体
运营经理--华东区
每个早晨当人睁开眼睛的那一刹那，就是幸福的人生。

Dandy Wang
玛花纤体
华北区法务及运营主任
活着就是一种幸福。在我们有限的生命中，能够用我们的眼睛去看，耳朵去听，身体去感受世界带给我们的各种美好事物，总有一天都将会成为我们最值得回味的记忆。换个角度看世界，其实幸福就在你身边。

Selina Huang
玛花纤体
华南区昆明/成都纤体师主管
幸福的人生是除了有个人外在的美丽外，内在修养也非常重要，健康的身体，经济的能力能满足生活的要求，以及美满而又温馨的家庭生活，这就是幸福的人生！

附录二

感言集

在这本书筹备的过程中，我们得到了全国各城市的合作伙伴和朋友们的关心，他们热情地回应了对现代女性“希望、自信和幸福”的感悟，碍于篇幅，我们选取了其中一部分，与广大读者分享。

Q1 现代中国女性的希望是什么？

李志强
西安世纪金花高新购物中心综合部主管
女性老的传统说相夫教子，现代要求独立、自主，但是中国目前的社会实现这些还需要一定的时间。

王欣
北京丽都广场有限公司市场部负责人
希望事业爱情双丰收，生活美满，在经济上能独立。

王丹萸
辽宁卓展时代广场百货有限公司副总经理
最大限度实现个人价值。

陈演
上海港汇房地产开发有限公司市务部高级经理
希望能够在百忙之中抽出更多的时间去美容美体会所放松身心。

付丹
长沙新世界时尚广场有限公司招商经理
魅力、美丽是每一个女性的希望，这种希望同时也给了社会、家庭、孩子以新的希望。加强自身素质的积累及外在的修饰，是提升这种希望的最直接有效的方法。

王希
沸城威斯顿物业管（香港）有限公司经营经理
拥有自信，事业家庭都能圆满。

徐海
上海梅龙镇广场有限公司
市场推广部经理
做一个内外都“美丽”的女性也许是现代女性的一致目标和希望。

李健梅
佛山市顺联国际购物中心有限公司总经理
尊重、平等、提升

丁一犁
（氧气女）
我的最大希望：中医学成，悬壶济世。

杨光
长春卓展时代广场百货有限公司副总经理
被爱、被理解、被尊重。

Judy
（玫瑰女）
我的最大希望是能够有更多的时间，这样就能编织自己更为精彩的生活，体现更多的能力，享受更多的快乐。

Ivy
（钻石女）
我目前最大的希望是能嫁个靠谱的LG，然后我不用为了过有安全感的生活而拼老命地工作。

miumiu
（钻石女）
希望不是愿望。愿望是做亿万女富豪，希望是做家庭主妇。哈哈。

Rachel Qian

（H_2O女）

财务自由，有自己的事业；外表优雅、气质动人。

Emma

（氧气女）

快乐幸福，同时也将这份快乐带给身边的人。

Connie Lo

（玫瑰女）

我的希望是能拥有自由自在的生活，尽情游历这个世界。

Joyce Wei

（玫瑰女）

不为了生存而忙碌，生活在生存之上。

朗妈

（范美丽）

我最大的希望是家庭美满，家人幸福快乐。

Tina Yang

（钻石女）

我现在最大的希望是可以通过自己的力量，让我的亲人有更好的生活。未来最大的希望应该再回归爱情吧，反正什么时候恋爱总是有的。

Q2 你怎样看待自信的女性？你认为获得自信的关键是什么？

杨光
长春卓展时代广场百货有限公司副总经理
自信的女人内外兼修，外在有迷人的风采，内在的信心由学识和经验的积累而来。

王丹萸
辽宁卓展时代广场百货有限公司副总经理
自信的女人具有个人魅力，不断追求自己的目标，不断激励自己，从而获得自信。

李健梅
佛山市顺联国际购物中心有限公司总经理
女性的自信源于拥有优秀的资源，因此，要获得和建立自信必须去创造与发挥资源，如优雅的气质，优秀的学识，广阔的胸怀等等，都要学习与创造。

李志强
西安世纪金花高新购物中心综合部主管
自信的女人更有魅力和吸引力。家庭的熏陶与自身的努力学习是使她们自信的关键。

王欣
北京丽都广场有限公司市场部负责人
有的人是因为有了财富而变得自信，有的人是因为有了较好的外表而自信，大部分的女性更多的是通过外表的改善而得到信心

陈演
上海港汇房地产开发有限公司市务部高级经理
保持健康和优雅的体态，可以达致更愉快的与人交流和合作关系

付丹
长沙新世界时尚广场有限公司
招商经理

世界上没有丑女人，只有不自信的女人，自信的女人总会找到一个合适的参照点让自己变得充满自信，比上不足比下有余是一种健康心态。改变外在美 加强内心美，善于从细节处发现自己的闪光点，自信便会日积月累地增加。

Angela
（玫瑰女）

自信的笑容，自信的待人，自信的生活。自信的女性对生活充满好奇并会想去尝试新鲜事物，因为她相信她很handle。

丁一犁
（氧气女）

自信这样东西少一分多一分都不妥当。获得自信的关键是永远知道自己是谁。

miumiu
（钻石女）

发自内心的相信自己愿意相信的，并通过外在行动去实现。

徐海
上海梅龙镇广场有限公司市场推广部经理

充满自信的女性不但自己可以保持健康快乐的心态，还会影响到她周围的人。获得和建立自信是一个长期的过程，包括很多方面的培养，如学识修养、言谈举止、为人处世方式方法、外表形体等。

王希
沸城威斯顿物业管理（香港）有限公司经营经理

拥有自信的女人，让人欣赏。一个女性要学会独立，这样才能拥有自信。

Connie Lo
（玫瑰女）
我对自信的女性予以尊重，并视之为学习对象。自信的关键在于一个人的内涵及修养，懂得欣赏自己和知足的人便会获得自信。

Tina Yang
（钻石女）
自信和自恋可不一样。有些女人自信是内心力量的强大，有些女人自恋是内心强大的无知。我认为形成自信的因素在于对自己更清醒地认识，明白自己不是万能的，拥抱朋友，快乐地处理生活带给我们的问题，自然会拥有更多关爱、更多支持，你不自信也难。

Judy
（玫瑰女）
自信的女性才美丽，而不是男人们的附庸。自信的关键，是对自己充分的肯定以及生活和事业上的自立。

Rachel Qian
（H20女）
自信的女性：积极、主动、乐观，能清晰地认识自己，肯努力，能力强，有感染力。我认为获得自信的关键在于自身的学识修养，能力强，经济独立，抗风险能力强。

Amy Liu
（钻石女）
自信的女性不一定要有成功的事业，可是一定要有属于自己的工作。自信的女性不一定漂亮，可是言谈举止一定要端庄淡雅。自信的关键在于要相信自己。

Q3 每个人对幸福的定义不同，请用一句话表达，对你而言，怎样的人生是幸福的人生？

王丹萸
辽宁卓展时代广场百货有限公司副总经理
有一颗热忱的心，追求自我的突破，寻求自身的价值。这样的人生是丰富多彩的，幸福的。

杨光
长春卓展时代广场百货有限公司副总经理
永远有希望，永远有实现希望的能力。

王欣
北京丽都广场有限公司市场部负责人
在我看来幸福就是工作稳定，生活美满， 亲戚朋友身体健康。而幸福的人生就是一个平凡的人生，不需要大起大落波澜起伏，只要踏实就可以。

李志强
西安世纪金花高新购物中心综合部主管
与家人团聚，享受人生。

李健梅
佛山市顺联国际购物中心有限公司总经理
当人需求最少的时候，他或她就是最富有的人，但最富有不一定最幸福，幸福是一种心态、一种感觉、一种平衡。

陈演
上海港汇房地产开发有限公司市务部高级经理
拥有自己喜欢的事业和美满的家庭生活。

付丹
长沙新世界时尚广场有限公司
招商经理

幸福的人都是一样的，不幸的人各有各的不幸。所谓幸福是自己对自己的要求来对比你所追求的欲望，当你现在的生活达到你的欲望的时候，你就是幸福的。当你的心对你拥有的一切感到满足时那就是幸福！

王希
沸城威斯顿物业管理（香港）有限公司经营经理

拥有自己的事业，同时也拥有美满的家庭，这样的人生是让人幸福的。

Ivy
（钻石女）

幸福的人生就是家庭美满、身体健康、自身各方面条件均能保持在中上水平以上。另外无需为了一些基本的需求而有经济方面的焦虑。

Joanna Yao
（玫瑰女）

幸福的人生一定是懂得满足，平和而淡定。

徐海
上海梅龙镇广场有限公司市场推广部经理

幸福确实是一个因人而异的概念，全家人健康、快乐地生活对我而言就是最大的幸福。

蔡奕
（氧气女）
即便人到中年，仍有贴心的知交；怀有闲情，有足够的金钱，足够的时间，有梦想，但不盲目了，这就是幸福。

丁一梨
（氧气女）
幸福的人生就是明白这个世界与光同尘之后，却依然坚持做个坦荡快乐的人，适当地愤世嫉俗，更多地施爱与被爱。

Zumi Fung
（玫瑰女）
你有爱着的人，这人也爱你；有工作、有居所、有三餐，没有太大的疾病，生活有70%是觉得开心的，便是幸福。

Emma
（氧气女）
自由充实的生活，充满乐趣与温暖，拥有丰富的人生体验，就是幸福。

Joyce Wei
（玫瑰女）
跟亲人爱人生活在一起，健康快乐，对生活这个词充满感恩而不是怨愤。

Rachel Qian

（H2O女）

我认为幸福的人生首先是积极、充实的；拥有一份自己感兴趣的事业，懂得生活，有满足感。家庭成员的健康、好的人脉关系、值得信赖的朋友、财务自由，这一切都是构成幸福人生的重要元素。

Cherry Teng

（H2O女）

幸福的人生就是全家无病无灾，健健康康，平平安安地一起生活。

Connie Lo

（玫瑰女）

懂得“知足常乐”，就是幸福。

Effie Mok

（美人娇）

幸福的定义对我而言，只要可以跟最亲的人一起共度人生，可以做自己喜欢和有意义的事情，已经很幸福、快乐！

图书在版编目（CIP）数据

我的S牛仔裤计划 / 玛花纤体研究中心著. -- 重庆
：重庆大学出版社，2010.8
ISBN 978-7-5624-5586-8

I. ①我… II. ①玛… III. ①女性-美容-通俗读物
②女性-修养-通俗读物 IV. ①TS974.1-49②B825-49

中国版本图书馆CIP数据核字（2010）第141238号

我的S牛仔裤计划

玛花纤体研究中心 著
王浙 插图

策 划：重报图书 重庆日报报业集团图书出版有限责任公司

责任编辑：喻为民 版式设计：腾胜图文
责任校对：仁卓慧 责任印刷：张 策

*

重庆大学出版社出版发行
出版人：邓晓益
社址：重庆市沙坪坝正街174号重庆大学（A区）内
邮编：400030
电话：(023) 65102378 65105781
传真：(023) 65103686 65105565
网址：http://www.cqup.com.cn
邮箱：fxk@cqup.com.cn（营销中心）
全国新华书店经销
重庆华林天美印务有限公司印刷

*

开本：787×1092 1/16 印张：13.25 字数：190千
2010年9月第1版 2010年11月第2次印刷
ISBN 978-7-5624-5586-8 定价：38.00元